翰墨遗香
线装藏书馆
千家诗选编
郑红峰 编
全四卷
卷四
中国言实出版社

千家诗选编

【题解】

《千家诗》是由宋代谢枋得《重定千家诗》(皆七言律诗)和明代王相所选《新镌五言千家诗》合并而成。它是我国旧时带有启蒙性质的诗歌选本。因为它所选的诗歌大多是唐宋时期的名家名篇，易学好懂，题材多样：山水田园、赠友送别、思乡怀人、吊古伤今、咏物题画、侍宴应制，较为广泛地反映了唐宋时代的社会现实，所以在民间流传非常广泛，影响也非常深远。

康熙四十五年，曹寅(曹雪芹祖父)刊行的《楝亭十二种》中收有《分门纂类唐宋时贤千家诗选》，署作『后村先生编集』。『后村先生』即南宋刘克庄，字潜夫，自称后村居士。不过也有人认为诗集为坊间选家假名而作。后坊间又出现了两种千家诗，即署作宋谢枋得选、明王相注的《重定千家诗》(皆七言律诗)和王相选注的《新镌五言千家诗》。后书坊将两者合刊，即通行版本的《千家诗》了。

虽然号称千家，《千家诗》实际只录有122家。按朝代分：唐代65家，宋代52家，五代1家，明代2家，无从查考年代的无名氏作者2家。其中选诗最多的是杜甫，共25首，其次是李白，共8首；女诗人只选了宋代朱淑真2首七绝。

《千家诗》是明清两朝流传极广、影响深远的儿童普及读物。它从一开始就受到广大读者的青睐，而『千家诗』这个书名更是广被采用，例如清代有《国朝千家诗》、《续千家诗》，民国间有《醒世千家诗》，当代又出现多种以『千家诗』为名的诗歌集，足见『千家诗』的影响。

春日偶成①

程颢

云淡风轻近午天②，傍花随柳过前川③。

时人④不识余心乐，将谓⑤偷闲学少年。

【注释】

①诗题一作《偶成》。偶成：偶有所感而写成。②午天：中午时分。③川：河流。④时人：当时的人。⑤将谓：以为，认为。五代颜红郁《农家》诗曰：『时人不识农家苦，将谓田中谷自生。』『时人不识……将谓……』是唐宋时的常用句式。

【赏析】

这首诗的前两句直接描写生机勃勃的春景，而自己正行走在如此惬意的环境中。最后两句表达自己内心的感受，以别人的不理解，为全诗加一层转折，以此突出自己的快乐。作者用朴素的手法把明和柔丽的春光和自己内心的快乐融合在一起，表现出一种闲适恬静的氛围。诗的前两句以景衬情，后两句以议论写情，语言浅近通俗，风格平易自然，充满了率真之气。

春日

朱熹

胜日①寻芳②泗水③滨，无边光景一时④新。

等闲⑤识得东风面⑥，万紫千红总是⑦春。

【注释】

①胜日：好日子，吉利的日子。此指温暖和煦的春日。②寻芳：春游，到郊外游览赏花。③泗水：河水名，在今山东省中部，流经曲阜、济宁。④一时：一时间，一下子。⑤等闲：随便，不经意。⑥东风面：春风的面目，指春景。⑦总是：都是。

【赏析】这首绝句写春天万紫千红的绚丽景象，诗人以浓笔涂抹铺设自己的感受，写得意境开阔，生机蓬勃。第一句交代时间地点以及事由，接下来写所见春景，以『无边』、『一时』、『新』等字眼，一下子把春天欣欣向荣的景物展现在读者眼前。后两句写作者对于春天的感受，诗人沐浴在万紫千红的大好春光里，在他的眼中，大自然处处都饱含着无穷的生命力，他仅用『万紫千红』四字，就勾勒出了这样一幅繁花似锦、欣欣向荣的景象。『万紫千红总是春』一句中既有诗人内心的感受，又有对景致的大力渲染，这一富有哲理的诗句，使人奋发开朗，已成为一切初生美好事物的象征。全诗情景交融，富有理趣但绝不呆板迂腐。

春宵①

苏轼

春宵②一刻③值千金，花有清香月有阴。
歌管④楼台声细细⑤，秋千院落夜沉沉⑥。

【注释】①诗题一作《春夜》。②春宵：春夜。③一刻：时间单位。古时用漏壶计时，一昼夜共一百刻。今以时为单位，一时共四刻。这里指短时间。④歌管：歌，歌曲；管，箫管。这里指乐声。⑤声细细：声音细长幽远。⑥夜沉沉：夜色沉沉，指夜深。

【赏析】春天的夜晚，月朗星稀，花香扑鼻，为了不辜负这美景良辰，人们弹奏高歌，尽情嬉戏。诗中如此描写道：春夜的时光是多么的珍贵啊！明朗的月光照出了花影簇簇，阵阵清香沁人心脾。远处的楼台上不住地传来声声细细的乐曲和歌声，虽然夜已深沉，隔壁的院落里，还有人在荡着秋千尽情嬉戏。《春宵》一诗，写的是人们的忘情欢乐，对春光分秒必争的珍惜，而立意在于歌颂春天。这种手法和取意，可谓独辟蹊径，别具慧眼。通过具体描写人们对春天狂热的爱，以达到颂扬春天的目的，比习见的直接赞美春天的大好风光，更加耐人寻味。这首诗反映了诗人不同寻常的文学造诣和超凡脱俗的生命感悟。

城东①早春

杨巨源

诗家②清景③在新春，绿柳才黄半④未匀⑤。
若待上林⑥花似锦，出门俱是⑦看花人。

【注释】

①城东：指长安城东。②诗家：诗人。③清景：美景。④半：一半。⑤匀：匀称。⑥上林：指上林苑，本秦旧苑，汉武帝增而广之，故址在长安西北。这里泛指长安的花园。⑦俱是：都是。

【赏析】

这首诗写诗人对早春景色由衷的热爱和赞美。首句用『新』字，强调了早春时节。次句又抓住『半未匀』这个细节特征，使人仿佛见到绿枝上刚刚绽放的几棵鹅黄嫩芽，这不仅突出了『早』字，更把早春绿柳的风姿刻画得惟妙惟肖。三、四句笔锋一转，呈现出繁花似锦的另一春色。两相对照，优劣自明，更加反衬出作者对早春之景的喜爱。

春夜①

王安石

金炉②香烬漏声残③，剪剪④轻风阵阵寒。
春色恼人眠不得，月移花影上栏杆⑤。

【注释】

①诗题一作《夜值》。②金炉：铜香炉。③漏声残：漏，古代计时用的漏壶。残，漏壶里的水快要滴尽。④剪剪：形容风轻而寒气袭人。⑤栏杆：一作栏干，用竹木等做成的格状拦隔物。

【赏析】

这首诗是写春夜不能入睡，有感而发。这时正当诗人推行的新法受阻，在更残漏尽的深夜，看到香已成灰，更漏将尽，而轻风剪剪，寒气袭人，欲眠不得，只有眼睁睁看着花影随着月光移动，不经意间已爬上栏杆，表现出一种寂

寞和无奈的心境。

初春小雨①

韩愈

天街②小雨润如酥③，草色遥看④近却无。
最是一年春好处，绝胜⑤烟柳满皇都⑥。

【注释】

①诗题一作《早春呈水部张十八员外》，共两首，此为第一首。张十八员外：即张籍，时任水部员外郎，兄弟中排行十八，故称。②天街：指京城长安的街道。③酥：酥油，这里比喻春雨。④遥看：远远看去。⑤绝胜：远胜。⑥皇都：京城，这里指长安。

【赏析】

这是一首赞颂早春的诗：像酥油一样的春雨滋润着京城的条条街道，远远望去，郊外已是一片朦胧的青青草色，走近前去却什么也看不到了。这是一年中春光最好的时候，比那烟柳满皇都的暮春不知要胜过多少倍呢！大地回春，万物复苏，虽然仅仅是一片刚刚萌发的草芽，却让人感到了寒冬的远离，春暖花开的切近。它是活力、生机与希望的象征，它给人以鼓舞与振奋，让人不能不说这是一年之中最美季节中的最美时刻！全诗风格平易清新，艺术技巧极其高妙，尤其是『天街小雨润如酥，草色遥看近却无』一联，寓神奇于平淡，形象、贴切、鲜明地把早春的特色刻画了出来。

元日①

王安石

爆竹②声中一岁除③，春风送暖入屠苏④。
千门万户曈曈⑤日，总把新桃⑥换旧符。

【注释】

①元日：农历正月初一，即春节。②爆竹：古人烧竹子时发出的爆裂声。用来驱鬼避邪，后来演变成放鞭炮。③一

岁除：一年已尽。除：去。④屠苏：药酒名。古代习俗，大年初一全家合饮这种用屠苏草浸泡的酒，以驱邪避瘟疫，求得长寿。⑤曈曈：日出时光亮而又温暖的样子。⑥桃：桃符，古代一种风俗，农历正月初一时人们用桃木板写上神荼、郁垒两位神灵的名字，悬挂在门旁，用来压邪。也作春联。

【赏析】

歌颂春节的诗很多。王安石这首诗抓住放鞭炮、喝屠苏酒、新桃换旧符三件传统习俗来渲染春节祥和欢乐的气氛。这样的描写方式比较精炼、典型、概括力强。诗中流露出的欢快气氛，与作者开始推行新法、实行改革、希望获得成功的心情是相一致的。现在贴桃符的人少了，多数人把桃符换成了春联，但过年放鞭炮、喝酒的习俗还在民间广为流传。这也从一个侧面说明我们中华民族的文化传统是非常悠久的。

上元①侍宴②

苏轼

淡月疏星绕建章③，仙风④吹下御⑤炉香。

侍臣鹄立⑥通明殿，一朵红云⑦捧玉皇⑧。

【注释】

①上元：上元节，即元宵节。②侍宴：臣子参加皇帝举办的宴会。③建章：汉代宫殿名，这里代指宋代的宫殿。④仙风：这里指宫中的微风。⑤御：对皇帝所作所为和所用物品的敬称。⑥鹄立：像鹄一样伸着脖子端正地伫立着。鹄，即天鹅。⑦红云：形容身着红袍的臣子。⑧玉皇：即玉皇大帝，这里指皇帝。

【赏析】

这是一首应制之作。作者陪侍皇帝开宴时写下此诗，描写了盛大的侍宴场面，表现太平盛世的气象，歌颂皇帝的高贵。在前两句，诗人描写周围的环境，由高处往低写，用星、月和缥缈的御香来衬出宫殿的高大。后两句则是诗人从参与侍宴的臣子的视角，由底下往上看，用红云拥帝暗示红云拥日，象征帝王的高贵清明。诗人所用比喻非常恰当到位，他巧妙地将富丽堂皇的宫殿比作天宫，将人间的帝王比作天上的玉皇大帝，既衬托了皇帝开宴的盛大场景，又

达到了歌功颂德的目的。一般的应制诗很难表达作者个人的情感，这一首诗也不例外。作者照例要说皇上的好话，虽然如此，却还是显示了自己的特点，表现得大气从容。

立春偶成①

张栻

律回岁晚②冰霜少，春到人间草木知。
便觉眼前生意③满，东风吹水绿参差。

【注释】

①诗题一作《立春日禊斤偶成》立春：节气名，在二月三、四或五日，我国以立春为春季的开始。②律回岁晚：古代黄帝命伶伦用竹筒做成定音和气候的仪器。阳六为律：黄钟、太簇、姑洗、蕤宾、夷则、无射；阴六为吕：大吕、夹钟、仲吕、林钟、南吕、应钟。立春时，大吕已终，太簇开始，所以称『律回』。立春在年前，所以称『岁晚』。③生意：生机。

【赏析】

这是一首描写节令的诗歌作品。诗人从自己的感受出发，为人们描绘了立春时节残雪消融、大地生机勃勃的景象。第一句写气象物候，立春之后，春天就要到来，大地回暖，冰霜变得稀少。第二句用了拟人化手法，草木最先发芽变绿，因此诗人说它们感到了春天的到来。第三句写诗人内心的感受，见到万物复苏，不觉心底也是春情荡漾。最后一句作者再次转到初春景象，写东风吹拂绿水而荡开的阵阵涟漪，充满着无尽的活力。诗人用诗句富有层次地再现了大自然初春的变化过程，全诗洋溢着饱满的生活热情，十分活泼自然。

清平调词①

李白

云想衣裳花想容②，春风拂槛③露华④浓。
若非群玉山⑤头见，会⑥向瑶台⑦月下逢。

【注释】

①清平调词：为李白用七绝格律创制的新词。据韦睿《松窗杂录》记载，唐玄宗和杨贵妃在兴庆宫赏牡丹，乐工李龟年率梨园弟子以歌乐助兴。玄宗说：『赏名花，对妃子，焉用旧乐词为！』遂召翰林学士李白填制新词。李白挥笔立就，写下三首《清平调》，这里所选为第一首。②云想衣裳花想容：以云和花来喻杨贵妃的衣裳和容貌。③槛：栏杆。④露华：露水的光华。⑤群玉山：又作玉山，传说中西王母居处。⑥会：应。⑦瑶台：用玉石做的台。指仙女所居之地。

【赏析】

面对美人名花，李白写下了这首清平调词。名花映衬美人，美人恍若名花。五彩的云霞企羡她那美丽的衣裳，众香国里最娇艳的牡丹企羡她的容貌，只此一句，便使杨贵妃卓然不群。春风拂煦的雕栏玉砌，露华正浓，更使她神采飘逸，恍若仙女下凡。群玉山头，瑶台月下，更使人仿佛置身仙境。李白的诗博得了皇上的欢心。但唐玄宗很快就听信谗言，把他贬出京城。这样的结果，恐怕是诗人始料不及的，否则也就不会有如此清丽美好的诗篇了。

题邸间壁①

郑会

荼蘼②香梦怯春寒，翠掩重门③燕子闲④。
敲断玉钗⑤红烛冷，计程⑥应说到常山⑦。

【注释】

①题邸间壁：题诗在旅舍的墙壁上。邸，这里指旅舍。②荼蘼：花名，属蔷薇科，在暮春初夏时开花，因花的颜色像荼蘼酒而得名。陆游诗曰：『福州正月把离杯，已见荼蘼压架开。』（《东阳观荼蘼》）。③重门：一道道的门。④闲：这里是休息的意思。⑤玉钗：用玉制作的钗。钗，古代妇女的一种首饰，形状像叉，常被用来剪烛花。⑥计程：计算旅程。⑦常山：地名，今浙江省常山县。

【赏析】

这是一首旅途思乡之作，诗人并不直接写自己对妻子的思念，而是换位思考，想象妻子如何思念自己。这种旁敲侧击的写法收到了事半功倍的效果。首句点明了春末夏初的时令，次句用『翠掩』既写出了具有鲜明特征的季节景色，又传递出闺中思妇的孤寂之感。三、四句即景入情，抓住『敲钗』的细节动作，生动刻画了思妇春夜不眠，等待诗人的焦虑心情。

绝句①

杜甫

两个黄鹂②鸣翠柳，一行白鹭③上青天。
窗含西岭④千秋雪⑤，门泊东吴⑥万里船⑦。

【注释】

①绝句：诗歌的一种体裁。以体裁为题，实际是无题诗。②黄鹂：即黄莺。③白鹭：即鹭鸶，一种群居水鸟，羽毛洁白。④西岭：指雪岭。《成都志》：『城西有西山，一名雪岭。』⑤千秋雪：因西山雪岭长年积雪，故称千秋雪。⑥东吴：古地区名，泛指今江苏一带。⑦万里船：杜甫草堂附近有合江亭，蜀人去江苏一带，都从此登舟，西有万里桥。

【赏析】

杜甫出生于奉儒守官之家。他既出入于上流社会，又生活在底层民间。其诗反映的社会现实，既广阔又深刻，被誉为『诗史』。诗中有画，画中有诗，仔细品味，亦诗亦画。这是杜甫寓居成都草堂时所作，生动地描写了草堂四周的景色，及当时的心境。

清明①

杜牧

清明时节雨纷纷②，路上行人欲断魂。
借问③酒家何处有，牧童遥指杏花村。

【注释】

①清明：即清明节。在唐宋时的清明节，人们不仅有祭奠已故亲人的风俗，还会出外踏青，赏花饮酒，尽兴才归。

《东京梦华录》中记载北宋京城汴梁清明节时情景：『四野如市，往往就芳树之下，或园囿之间，罗列杯盘，互相劝酬。都城之歌儿舞女，遍满园亭，抵暮而归。』②纷纷：形容雨细微纷乱，绵绵不断。③借问：请问。

【赏析】

这是一首脍炙人口的千古绝句。清明节是我国的传统节日，每逢此时，亲朋好友都会结伴踏青、祭祖扫墓。然而诗中的『行人』，却在细雨纷飞的时候，独自行走在他乡的旅途上，此情此景使诗人心中备感孤苦、凄凉，因而自然想到要借酒消愁，『借问酒家何处有』没有点明问谁。末句中的牧童，既是本句的主语，又补充说明上句设问的对象。牧童则以行动代替语言，引出一片红杏盛开春景。诗到这里戛然而止，却又引人联想。由于这首诗的广泛流传，『杏花村』自此成为酒家的雅号。

清明

王禹偁

无花无酒过清明，兴味萧然似①野僧②。
昨日邻家乞新火③，晓窗分与读书灯。

【注释】

①萧然：萧条凄凉。②野僧：山野僧人，少与世人接触。③乞新火：清明前两日称寒食节，禁火寒食，节后重新生火。乞，讨。

【赏析】

王禹偁家世贫寒，这首诗或者是他当年苦读的写照。生活如山野僧人般清苦，无花无酒，兴味索然。只有一个目标——读书。因此，昨日取来的火种，今天一早便点燃了读书的灯火。

社日①

王驾

鹅湖山②下稻粱肥，豚栅③鸡栖④半掩扉⑤。

桑柘[6]影斜春社散[7]，家家扶得醉人归。

【注释】

①社日：古代祭祀土地神的日子。有春秋两祭，分别称为春社和秋社，这里指春社。在社日，村民通常团聚祭神，演社戏等。②鹅湖山：本名荷湖山，晋末有龚氏养鹅于此，因名鹅湖山。在今江西省铅山县。③豚栅：小猪猪圈。④鸡栖：鸡舍。⑤扉：门户。⑥桑柘：桑树和柘树，叶子均可喂蚕。⑦春社散：春诗的聚宴已经散了。

【赏析】

古时春秋两季都有祭祀土神的日子，一般在立春、立秋后的第五个戊日，分别叫春社和秋社。届时，左邻右舍聚在一起，先祭神，进行各种竞技表演，随后欢庆饮酒。诗的首句写出江南农村风光，庄稼喜人，丰收在望。村外风光如此迷人，村内则是一片富庶景象，衬托出节日的喜庆气氛。次句『半掩扉』这个细节的描写很有表现力，既说明民风淳厚，丰年富足，又暗示出村民家家都参加社日去了，巧妙地将诗意向后联过渡。第三句用『桑柘影斜』说明天色已晚，春社才散。末句『家家扶得醉人归』写的不是社日的热闹与欢乐场面，而选取高潮之后渐归宁静的这样一个尾声来表现它，余韵无穷。

寒食[1]

韩翃

春城[2]无处不飞花，寒食东风御柳[3]斜。

日暮汉宫[4]传蜡烛，轻烟散入五侯家[5]。

【注释】

①寒食：节令名，清明前一日（一说为前二日）为寒食节，相传为后人纪念晋文公时被烧死的忠臣介子推而定的节日。②春城：春天的京城，指唐代都城长安。③御柳：皇宫内苑的柳树。④汉宫：汉制，寒食节全国禁烟火，宫中钻新火燃烛，散于贵戚之家，这里借指唐宫。⑤五侯：西汉成帝建始元年赐给其舅王谭等五人关内侯的爵位，称五侯。一说指东汉桓帝因依靠宦官诛杀外戚梁冀，事后封宦官徐璜、单超、具瑗、左悺、唐衡等为侯，称五侯。

【赏析】

这是一首讽刺诗。西汉末年外戚专权，促成王莽篡汉，西汉灭亡。东汉末年，宦官专政，酿成董卓之乱，东汉灭亡。这首诗借汉喻唐，讽刺宦官的得宠。蘅塘退士说：『唐代宦官之盛，不减于桓灵，此诗托讽深远。』。第三句以『传蜡烛』的典故，点明『寒食』。第四句说『五侯家』，指宦官贵族的得宠。但单从诗句表面上看，则是颂扬皇恩浩荡，因而刚愎自用的唐德宗很欣赏此诗，当时朝廷缺一个起草制诰的官，德宗点名由韩翃担任，当时有两个韩翃，德宗又特指名要『春城无处不飞花』的那一个。这成了诗坛的又一个典故。

江南春

杜牧

千里莺啼绿映红，水村山郭[1]酒旗[2]风，

南朝[3]四百八十寺[4]，多少楼台烟雨中。

【注释】

①水村山郭：水乡山城。②酒旗：酒幌。③南朝：指在南京建都的宋齐梁陈四朝。④四百八十寺：极言佛寺之多。南朝皇帝信佛，所以广建寺庙。

【赏析】

前两句写江南春色，到处黄莺歌唱，红花绿树互相映衬，水乡山城，酒旗迎风招展，辽阔的江南，一片明媚春光。后二句转到缅怀历史陈迹，南朝帝王所修的四百八十寺，都笼罩在迷蒙的烟雨之中。佛寺多并没有挽救他们的覆亡。其中最热衷礼佛的梁武帝还饿死台城。诗人凭吊南朝各代信佛而都朝代短促，指出昔日金碧辉煌的佛寺，只余下迷蒙烟雨之中的楼台。诗人其意旨是讽刺本朝皇帝的佞佛。

绝句

僧志南

古木阴中系短篷[1]，杖藜[2]扶我过桥东。

沾衣欲湿杏花雨，吹面不寒杨柳风。

【注释】

①短篷：有篷的小船。②杖藜：以藜茎为杖。藜，植物名，一年生草本，茎坚，可做手杖。

【赏析】

这是一首写景之作，描写了诗人郊游踏青时所见的和煦春景，表达了恬淡轻松的情怀。诗的前两句写游春，走出寺庙，来到田野，驾舟出游，扶杖过桥，叙述悠闲自得，从容不迫。后两句通过自己的感受来写景，只见眼前是杏花盛开，杨柳婀娜，而细雨绵绵，微风拂面，清新宜人。诗中既有细微的描写，又有自然的感受，读来让人感同身受。

游园不值①

叶绍翁

应怜屐齿②印苍苔③，小扣柴④扉久不开。

春色满园关不住，一枝红杏出墙来。

【注释】

①诗题一作《游小园不值》。不值：不遇，未遇到主人。②屐齿：屐，一种皮制木底鞋，鞋底下两头有铁制齿，便于走泥路。③苍苔：翠绿色的苔藓。④柴扉：用柴草编的门。

【赏析】

诗中前两句写诗人的游兴与扫兴：『应怜屐齿印苍苔，小叩柴扉久不开。』诗人兴致勃勃地去观赏别人园中的春景，大概是因为主人太爱惜园中的一草一木了，始终没有敲开门。后两句突然笔锋一转，由遗憾而变惊喜：『春色满园关不住，一枝红杏出墙来。』诗语中小有讥刺，说春天的勃勃生机是无法靠人力来限制的，一枝美丽的红杏正越过墙头探出了园外。这一联是历来为人传诵的名句，它既取笑了园主人行为的幼稚，又赞美了春日生机的旺盛。全诗叙事写景凝练简洁，意境非常优美，寓意丰富，很有理趣色彩。

客中①行②

李白

兰陵③美酒郁金香④，玉碗盛来琥珀⑤光。
但使⑥主人能醉客，不知何处是他乡。

【注释】

①客中：旅居在外。②行：乐曲。诗题一作《客中作》。③兰陵：地名，在今山东省枣庄市，以产美酒闻名。④郁金香：香草名，酿酒时放入郁金香，酒会呈金黄色，并具有特殊的香味。此句指用郁金香配制的美酒。⑤琥珀：一种树脂化石，呈蜡黄或赤褐色，透明而富有光彩，可制成香料或装饰品。这里用来形容酒的光泽。⑥但使：只要。

【赏析】

这首诗一反羁旅诗的消极颓唐，体现出一种乐观、豁达的精神。诗的前两句从各个角度极力渲染兰陵酒的美好，色香光影，一应俱全，使人产生开怀畅饮的念头。三、四两句盛赞主人之殷勤好客，并借此带出诗人的快乐心情。

滁州①西涧②

韦应物

独怜③幽草涧边生，上有黄鹂深树鸣。
春潮带雨晚来急，野渡无人舟自横。

【注释】

①滁州：今安徽滁县。②涧：山谷间河。③独怜：最爱。

【赏析】

这是一首诗情浓郁的小诗。诗的前两句是清丽色彩与动听音乐交织成的幽雅景致。诗人把幽草和黄莺并提，却用『独怜』的字眼，表露出诗人安贫守节，不随势俯仰的胸襟。后两句在水急舟横的悠闲景象中，蕴涵着一种不在其位，不得其用的无奈、忧伤的情怀。诗人以情写景，借景抒怀，其胸襟之恬淡，情怀之忧伤，在无意间自然地流露出来。

花影

谢枋得

重重叠叠上瑶台①，几度呼童扫不开②。
刚被太阳收拾去③，却教明月送将来④。

【注释】

①瑶台：神话传说中西王母所居仙宫。此代指华贵的亭台。②扫不开：扫不去。③收拾去：日落时花影消失，好像被太阳收拾走了。④送将来：指花影又在月光下出现，好像是月亮送来的。

【赏析】

《花影》一诗乃借咏物以讽刺，通篇为比，喻体与本体之间，象征奇妙，不即不离而又契合无间，恰到好处。这是一首极富艺术魅力的政治讽刺诗。

湖上①

徐元杰

花开红树②乱莺啼③，草长④平湖白鹭飞。
风日晴和人意⑤好，夕阳箫鼓⑥几船归⑦。

【注释】

①湖上：这里指杭州西湖上。②红树：开满红花的树。③乱莺啼：到处是黄莺在啼鸣。④长：生长起来，变得茂盛。⑤人意：游人的心情。⑥箫鼓：箫和鼓等乐器发出的乐声。⑦几船归：意思是许多船兴尽而归。

【赏析】

这是一首记游诗。诗人描写了杭州西湖的美丽风光，抒发了内心的愉悦之情。前两句写西湖景色，只见岸上红花满地，黄莺乱啼，湖中绿草繁茂，白鹭低飞，有静有动，有高有低，相互辉映，生机盎然，一派江南富丽景象。后两句写湖上的游人，在风和日丽的艳阳天里，人们在湖上尽兴游览，心情舒畅。到夕阳西下时，伴着阵阵的鼓声箫韵，

人们才乘船尽兴而归。全诗语言清新流畅，景物绚烂多姿，意境优美，情调欢快，是历来写西湖诗中的佳作。

春晴

王驾

雨前初见①花间蕊，雨后全无叶底花②。
蜂蝶纷纷过墙去，却疑春色在邻家。

【注释】

①诗题一作《晴景》，又作《雨晴》。初见：刚才还看见。②雨后句：意思是一陈骤雨过后，花都被打落了。

【赏析】

这是一首写景诗。描写了春天景物的变化，表达了诗人的爱春惜春之情。诗的第一句写雨前的情形，第二句写雨后的变化。雨前还见花蕊，雨后却已无花。暮春时节雨后花残的特有景象跃然纸上。面对自家园中这样的春残景象，诗人内心自然地生出惋惜和失望。待看到蜜蜂和蝴蝶总是飞到自家的墙外去，诗人不免心中忐忑，是不是别人家的花园里还保有春色，要不怎么它们都飞到隔壁去了呢？最后一句的设问，足见诗人选取角度的精巧与新颖，给人以耳目一新的感觉。

春暮①

曹豳

门外无人问落花，绿阴冉冉②遍天涯。
林莺啼到无声处③，青草池塘独④听蛙。

【注释】

①诗题一作《暮春》。②冉冉：渐渐。③无声处：暮春时候，黄莺已老，不再啼叫。④独：只。

【赏析】

诗人描绘了一幅农村暮春夜晚的景色。全诗用了两组对比图画：红花落而绿叶长，莺啼止而蛙声鸣。既具有鲜明的季节特征，又传递出强烈的生命消长意识。整首诗色彩深浓，动静交错，风格朴实无华。

落花

朱淑贞

连理枝①头花正开，妒②花风雨便相催③。
愿教青帝④常为主⑤，莫遣⑥纷纷点翠苔。

【注释】

①诗题一作《惜春》。连理枝：两株树木不同根但枝条相连。古人常用以来比喻夫妇恩爱。②妒：嫉妒。③催：同"摧"，摧残。④青帝：传说中掌管春天的神。⑤常为主：长久地做主。⑥遣：使。

【赏析】

连理枝头的花开得正浓，嫉妒鲜花的风雨就来摧残了。真希望青帝永做主宰，不让纷纷的落花来装点青苔。古人常用"连理枝"来比喻夫妻，"花正开"说明正是感情深笃、你恩我爱的时候。"妒花风雨"则是一切摧残爱情的可恶势力的象征。这前两句表达的是哀怨，其中感情沉痛，有哀叹，更有怨恨。后两句中，"青帝"为维护爱情的化身，这两句表达的是美好的愿望。希望爱情能得到保护，让有情人终成眷属。该诗想象丰富，情真意切，读来感人至深。

春暮游小园

王淇

一从①梅粉褪残妆，涂抹新红上海棠。
开到荼蘼花事了，丝丝天棘②出莓③墙。

【注释】

①一从：自从，开初。②天棘：酸枣树。莓：青苔。

【赏析】

这是一首写景诗。该诗写出了春天由繁华到消退的过程，表达了作者的惜春之情。作者游小园时，只见小园中百花都已凋谢，只有荼蘼还开着小花，天棘却到了自己生长的季节，分外茂盛，已从墙上探出头去了。暮春的景象使诗

人想起整个过去的春天，于是奋笔追述春景，从早春的梅花写到仲春的海棠，然后才是如今在园中所见的荼蘼与天棘。诗人以花开花落来表示时序的推移，通过花事的盛衰荣替，来衬托时下的萧条，巧妙地表达了自己内心惜春的情绪。在写花时，诗人采用拟人化手法，以粉褪残妆来形容梅花凋谢，用新红涂抹来说海棠盛开，以美女化妆的意象形象地展现春天百花争奇斗妍的景象。诗中语言清丽，比喻生动隽永，饶有趣味，风格清新可喜。

暮春即事

叶采

双双瓦雀①行书案②，点点杨花入砚池③。
闲坐小窗读周易④，不知春去几多时。

【注释】

①瓦雀：瓦屋上的麻雀。②行书案：瓦雀的影子在书桌上移动。③点点句：点点柳絮飘进室内，落在磨墨的砚池里。④周易：即《易经》，儒家重要经典。

【赏析】

麻雀在瓦上闲行，影子在书案上移动，忽见杨花飘入，落在砚池，读《易》之人，从眼前景物的移动，才晓得已是暮春时节，可见其用心专一，正领悟书中的理趣。此诗看来语言平易，诗人埋头读《易》的神情，却宛然在目。孔子读《易》，韦编三绝，诗人近之。

登山①

李涉

终日昏昏醉梦间，忽闻春尽强②登山。
因过竹院逢僧话，又得浮生③半日闲。

【注释】

①诗题一作《题鹤林寺僧院》。②强：勉强。③浮生：因人生世事无定，生命短促，所以称为『浮生』。

【赏析】

这首诗是封建士大夫因不满现实而虚度人生的心理写照。诗的首句描写了诗人的生存状态，接着用一个『强』字更加突出了这种浑浑噩噩的精神面貌。末句抒发了诗人于无可奈何之中寻求到的一种心理慰藉——『闲』，只有避开尘世，遁入山林才是诗人的唯一出路，流露出诗人内心的苦闷。

晚春①

韩愈

草木知春不久归，百般红紫斗芳菲②。
杨花榆荚③无才思，惟解④漫天作雪飞。

【注释】

①诗题一作《游城南》。②百般红紫斗芳菲：这是拟人化的写法，指草木在争取时间千方百计地争奇斗妍。③榆荚：榆树之荚，其小如钱，故又名榆钱。④解：知道。作雪飞：像雪花一样飞舞。

【赏析】

诗中所描写的是郊游即目所见。全诗采用拟人手法。『草木』本是无情物，却在春光将尽之时争分夺秒地绽红吐绿，使得暮春景象一改以往的伤感，而是极富生机与活力，由此也可窥知诗人内心的积极乐观之情。

伤春

杨万里

准拟①今春乐事浓②，依然枉却③一东风④。
年年不带看花眼，不是愁中即病中。

【注释】

①诗题一作《晓登万花川谷看海棠》，原诗二首，此为第二首。准拟：预料，事先断定。②浓：多。③枉却：辜负。④东风：春风。

【赏析】

这首诗是典型的『诚斋体』诗，抒写了诗人疾病缠身、生活不顺的感伤，语言浅近如白话，意思却曲折新奇。年年春花怒放，但诗人却总是错过，不是因为愁中没有情绪，就是因为病中没有可能。所以，本打算今年春天要好好地看看春花，没想到又一次错过，心中的惋惜之情自不必说。实际上，作者不仅仅是在伤春，他也是在感怀自己的愁与病。诗人也没有这样说，或者，在作者的心底还有许多不便言明的难堪之事吧。

送春

王令

三月残花落更①开，小檐日日燕飞来。

子规夜半犹啼血②，不信东风唤不回。

【注释】

①更：重，又。②啼血：传说杜鹃在啼叫时，嘴里会流出血来，这里形容杜鹃啼声悲切。

【赏析】

诗人在送春之际流露出了浓浓的惜春之情。诗的首句用花事已了点明时间是暮春。第二句写整日忙着筑巢的燕子，既展现出初夏时节的勃勃生机，又无意间淡化了诗人的伤春之感。三、四两句借杜鹃的执着啼叫，委婉地表达了诗人的惜春之情。

有约

赵师秀

黄梅①时节家家雨，青草池塘处处蛙。

有约不来过夜半，闲敲棋子落灯花②。

【注释】

①黄梅：入夏数日为入梅，是梅子成熟的季节，多雨。②灯花：油灯上的灯芯燃后结成的花形。

【赏析】诗题一作《约客》。诗的一、二句用白描手法勾勒出一幅迷蒙而富有生机的初夏图景。雨声与蛙声交织而作，看似热闹，实是为下文作铺垫。正因为下雨和天晚，客人才有约不至，使得诗人失望不已。用一『敲』一『落』把诗人的寂寞心情具化出来，精心刻画出诗人在雨夜孤灯等客的焦灼情景。全诗写得清新、细腻，耐人寻味。

三衢道中[1]

曾几

梅子黄时[2]日日晴，小溪泛尽却[3]山行。
绿阴[4]不减来时路，添得黄鹂四五声。

【注释】①三衢：三衢山，位于今浙江省衢县。②梅子黄时：指到了梅雨季节。③却：再，又。④阴：通『荫』。

【赏析】这首诗写诗人在三衢道的旅途中所见到的初夏景色。这里的『日日晴』和赵师秀的『家家雨』形成鲜明对比：明朗与隐晦。也由此衬托出诗人的舒畅心情。诗的第二句写诗人行完水路走山路，暗示出诗人游兴之高。末两句由情入景，『不减』、『添得』二词刻画出一幅有声有色的夏季图景。全诗文笔活泼轻快，淡雅精巧。

初夏游张园

戴复古

乳鸭[1]池塘水浅深[2]，熟梅天气半晴阴[3]。
东园载酒西园醉，摘尽枇杷一树金[4]。

【注释】①诗题一作《夏日》。乳鸭：孵出不久的小鸭。②水浅深：池塘里的水或浅或深。③半晴阴：或晴或阴。④一树金：形容成熟的枇杷像金子一样挂在树上。

【赏析】

这首诗写的是文人郊游的雅事。梅子熟时，天气半阴半晴，小鸭在池塘里嬉戏，一时游向浅水，一时游到深水。这时文人雅士正载酒游于东园，复又到西园去畅饮，见枇杷黄熟，如灿灿金果挂满枝头，乃摘尽，边吃边谈，以助酒兴。

山亭夏日①

高骈

绿树阴浓夏日长，楼台倒影入池塘。
水晶帘②动微风起，满架蔷薇③一院香。

【注释】

①诗题一作《山居夏日》。②水晶帘：水晶般的帘子。③蔷薇：落叶灌木，攀援或蔓生，初夏开红、白、黄、粉红、淡黄等花。可制香料，亦可入药。

【赏析】

诗的一、二句写诗人的惬意心态，『绿树阴浓』、『楼台倒影』于不经意间把人带入一个幽静的诗境中。第三句由静转动，虽然只是一丝微风，却不容小觑，它不仅让人联想到水晶帘动的清脆声音，还让人屏息静气，尽享那一脉清香，巧妙地融声色于一炉。从这首诗中我们不难体会出诗人山居夏日的悠闲神情，读来诗味浓郁。

田家

范成大

昼出耘田①夜绩麻②，村庄儿女各当家③。
童孙未解供④耕织，也傍⑤桑阴学种瓜。

【注释】

①耘田：锄草，松土。②绩麻：把麻搓成线。③各当家：在此指各人都担负一定的劳动任务。④供：担任，从事。⑤傍：靠着，依傍。

【赏析】

这首诗描写的是农村夏日生活中的一个场景。首句直接写劳动的场面：白天男人耕地除草，晚上妇女搓麻织布，农家各司其职的画面跃然纸上。次句『村庄儿女各当家』紧承上句而来，『儿女』即男女或年轻人，用的是老农口吻，『当家』指男女都不得闲，各管一行。第三句的『童孙』指孩子们，虽然他们不会耕织，却也不甘心闲着，而是在桑树底下学种瓜，表现了农村儿童的天真情趣。虽然诗中描写的这种初夏时紧张劳作的情景是农村中常见的现象，但因为诗人刻画生动，笔触细腻，所以读来觉得颇具特色，意趣横生。

村居即事

翁卷

绿遍山原白满川①，子规声里雨如烟。

乡村四月闲人少，才了②蚕桑③又插田。

【注释】

①诗题一作《乡村四月》。川：河。②了：结束。③蚕桑：采桑养蚕。

【赏析】

这是一首田野诗，描写江南农村初夏风光和农民辛勤劳作的情景。诗的前两句写景，诗人用浓笔涂抹的笔法，真切地展现了江南水乡的景致，此时红芳消歇，田野一片浓绿，雨季已来，水田湖港，全都是水光渺茫，白色一片。诗人选择了这一时节绿和白两种最为典型的颜色进行渲染，不仅切合实际，也通过这种强调增加了感染力。接着诗人点明时令，以布谷啼鸣和轻烟薄雾般的霏霏细雨来补充上一句的描写，衬托山村的恬淡幽静。三、四句转而从旁观者的角度写人，描述农人们忙碌的生活。全诗语言明丽，风格轻快，生动地描绘出了乡村四月农事繁忙的图景。

村晚

雷震

草满池塘水满陂①，山衔落日浸寒漪②。

牧童归去横牛背，短笛无腔③信口吹。

【注释】

①陂：圩岸。②漪：涟漪，水波纹。③无腔：无调。

【赏析】

《村晚》之题意为乡村的晚景。这首诗描绘了一幅日落西山，牧童归家的村景图。前两句先写景，涨满清水的池塘中到处是茂盛的水草，高山落日的倒影在清凉的水波中荡漾着，构成了一幅美丽的山水夕照图。后两句写人，回家的牧童手握短笛，横坐在牛背上，随口吹着自编的曲子，一副悠哉游哉，自得其乐的样子。全诗格调活泼，富有情趣。一个『衔』字，赋予了大山以生命感。『横』和『无腔』、『信口』，则抓住了牧童的特点，把那种悠闲自在、天真可爱的神态刻画得栩栩如生。

送元二①使安西②

王维

渭城③朝雨浥④轻尘，客舍青青柳色新。

劝君更尽一杯酒，西出阳关⑤无故人。

【注释】

①元二：人名。诗题又作《渭城曲》《阳关三叠》《赠别》。②安西：地名，在今新疆库车附近。③渭城：地名，在今西安市西北。④浥：润湿。⑤阳关：地名，在今甘肃敦煌县西南。

【赏析】

这是一首有名的送别诗。首二句点明了送别的时间和地点，而且特意写了雨后初晴，轻尘不起，天气清爽，客舍柳色芳新，天气转暖，是长途出使的好时候，大可不必为远行惆怅。第三句切入送别主题，劝朋友再饮一杯，一则以壮行色，一则西出阳关无故人，何况安西更在阳关外，离情别绪，尽在杯酒之中。

立秋①

刘翰

乳鸦②啼散玉屏③空，一枕新凉一扇风④。

睡起秋声⑤无觅处⑥，满阶梧叶月明中。

【注释】

①立秋：二十四节气之一，在每年阳历的八月七日或八、九日。古人将立秋作为秋天的开始。②乳鸦：小乌鸦。③玉屏：形容非常精致的屏风。④一扇风：指清风拂过。⑤秋声：秋风摇落草木发出的声响。⑥无觅处：无处寻找。

【赏析】

立秋是二十四节气之一，每年阳历8月7日、8日或9日。诗歌用秋风、秋声、秋叶渲染出立秋时节的自然景象，季候特征明显。『新凉』说明了秋风乍起的情景。『满阶梧叶』正应了『秋声无觅处』，因为叶落之声时有时无，让人无迹可寻。全诗围绕一『秋』字，逐层展开描述，绘出了无限秋意。

秋夕①

杜牧

银烛②秋光冷画屏，轻罗小扇③扑流萤④。

天阶⑤夜色凉如水④，卧看⑥牵牛织女星⑦。

【注释】

①诗题一作《七夕》，又作《秋夜宫词》。②银烛：白色的蜡烛。③轻罗小扇：用丝罗做的团扇，因丝罗极轻，所以说『轻罗小扇』。④流萤：飞来飞去的萤火虫。⑤天阶：指京城的街道，一作『天街』。⑥卧看：一作『坐看』。⑦牵牛织女星：指牵牛座和织女座两星座。

【赏析】

这首诗就是写一个宫女在秋夜乘凉的活动和心境。第一、三两句写宫中新秋月夜的景象，烛光映照在冷清的画屏

上，带来了初秋的一丝寒意，到夜深这天空竟凉得如秋水一般。这种描写，既烘托环境的凄清，也反映宫女寂寥的心境。第二、四句写宫女的活动，先是用小扇扑萤火虫玩，后又躺着看天上的牵牛织女星，想象他们在鹊桥相会，而自己只能孤身独宿，反映她生活的无聊和天真烂漫，以及对幸福生活的憧憬。

中秋月

苏轼

暮云收尽溢清寒①，银汉②无声转玉盘③。

此生此夜不长好，明月明年何处看。

【注释】

①溢清寒：清冷皎洁的月光弥漫夜空。②银汉：银河。③玉盘：白玉做的盘，比喻月亮。

【赏析】

这首诗作于宋神宗元丰元年（1078），苏轼时任徐州知府，与弟苏辙（子由）中秋夜同赏月而作。前两句写景，薄暮时候的云，因风吹散，明月溢出清寒的光辉，碧天银汉，寂然无声，明月转升于天际，如晶莹的玉盘。后两句抒怀，有生以来，难得有今夜如此月色，人生几见月当头，多么值得珍惜。不知明年的中秋之夜，是否还有此明月，自己又能在何处观赏到它呢？反映出因人生聚散无常，转徙不定引发的无限感慨。

题临安邸①

林升

山外青山楼外楼，西湖歌舞几时休②。

暖风薰得游人醉，直把杭州作汴州③。

【注释】

①诗题原作《西湖》，作者为林升。今据别本改。②休：停。③汴州：北宋的都城，今河南开封。

【赏析】

这是诗人在游览临安之时所写下的一首感怀诗，题在旅馆的墙壁上，表达了一个读书人忧国忧民的情怀。宋室南渡之后，在相对富足的江南偏安一隅，帝王将相，士子商人，无不歌舞升平，沉溺享乐，特别是作为当时名胜的西湖上，更是布满了这些醉生梦死的人。诗人只是一个默默无闻的读书人，面对此情此景，心中愤慨，写下心中所想，题于旅馆墙壁。

晓①出净慈寺②送林子方③

杨万里

毕竟④西湖六月中，风光不与四时⑤同。

接天莲叶无穷碧，映日荷花别样⑥红。

【注释】

①晓：早晨。②净慈寺：位于西湖的南面，南为南屏山，北为夕阳山，与灵隐寺同为杭州西湖的著名佛寺。③林子方：诗人的一位朋友，名析，莆田（今属福建）人。绍兴进士，曾任秘书省正字、监司、福建路转运判官等职。④毕竟：到底。⑤四时：指春、夏、秋、冬四季。⑥别样：特别，不同一般。

【赏析】

这是一首写景诗，描绘了六月清晨时西湖的美丽风光。这一天，诗人送好友林子方离开净慈寺，出寺之后，看到六月里妖娆的西湖，深深陶醉，欣然命笔，写下这首诗。诗人非常动情，开头即不加思考地说出此时内心的感受：到底是六月的西湖啊，风光自与别时的风光不一样。接着诗人展开描绘，只见六月的西湖中，满湖的荷花无边无际，直与天边相接，荷花开得繁盛，在日光的照耀下，越发显得红艳别致。最后两句的写景非常成功，诗人将荷的叶与花分开，叶是『无穷碧』，花是『别样红』，这样分开描述使西湖的风光具有了更为鲜明的色彩，如同一幅浓艳的画面展现在读者面前。

饮湖上初晴后雨

苏轼

水光潋滟①晴方好，山色空蒙②雨亦奇。

欲把西湖比西子③，淡妆浓抹总相宜。

【注释】

①潋滟：水波荡漾。②空蒙：迷蒙。③西子：西施，春秋时越国美女。

【赏析】

这是一首赞美西湖美景的诗，它不是描写西湖的一处一时之景，而是对西湖美景的全面评价。诗歌首句描写西湖晴天的水光，次句描写雨天的山色，与标题『初晴后雨』两相照应。西湖美景数不胜数，不可能一一道尽，诗人用『晴方好』、『雨亦奇』这种富有概括性的词语巧妙而精练地把对西湖的赞誉浓缩尽此。三、四句体现出诗人丰富的想象力，用一个奇特而又贴切的比喻，写出了西湖的神韵。从此，『西子湖』就成了西湖的别称。

竹楼

李嘉祐

傲吏①身闲笑五侯，西江取竹起高楼②。

南风不用蒲葵扇③，纱帽④闲眠对水鸥。

【注释】

①诗题一作《寄王舍人竹楼》。傲吏：倨傲清闲的官吏。②西江取竹句：江西多以竹为楼，不用瓦，上下用竹覆之。③蒲葵扇：蒲葵叶粗而宽，可做蒲扇。④纱帽：古代文官戴的一种帽子。

【赏析】

这首诗抒发了作者不求功名利禄、向往清闲生活的志趣。首句提出，一个倨傲清闲的官吏，笑对位高禄厚的五侯，觉得反不如自己闲适自在。后三句是具体的自在生活。在西江取竹盖起了高楼，夏日登楼纳凉，有清爽的南风吹来，用不着蒲葵扇。倦卧于竹楼之上，与鸥鸟相对，纱帽闲置，是何等的适意自在。功名利禄，自然不复在意。

直中书省①

白居易

丝纶阁②下文章静③，钟鼓楼中刻漏④长。

独坐黄昏谁是伴，紫薇花对紫薇郎⑤。

【注释】

①直中书省：在中书省值班。诗题一作《紫薇花》。②丝纶阁：古代替朝廷撰拟诏令的地方。③文章静：这里是说没有起草撰写的任务。④刻漏：古代计时的器具。⑤紫薇郎：即「紫薇郎」，唐代对中书舍人的别称，也称作「紫薇舍人」。

【赏析】

同是在宫廷值班，白居易的心情与前大不相同。漫漫长夜，凄清冷静，作伴的只有庭院的紫薇花。欢娱时短，寂寞更长。这是一种多么折磨人的苦差事啊！从中可见白居易刚正不阿的品格。

观书有感①

朱熹

半亩方塘一鉴②开③，天光④云影共徘徊⑤。

问渠⑥那得清如许⑦，为有源头活水⑧来。

【注释】

①观书有感：为朱熹《观书有感》二首绝句中的第一首。②鉴：镜子。③开：打开。古时镜子用铜铸成，镜面磨光，平时用镜袱盖住，用时打开。④天光：天空中明亮的光线。⑤徘徊：来回走动，此指倒影不停地晃动。⑥渠：它。指方塘里的水。⑦如许：如此，这么。⑧活水：流动的水。

【赏析】

诗人虽是南宋有名的理学家，但这首诗却写得生动形象，深入浅出，富有理趣。诗的一、二句写景，「一鉴开」点明了湖面之平静，「共徘徊」即进一步强调了湖水的清澈，又为湖水注入了一股活力。诗人没有单纯地停留在写景

上，而是针对湖水之清展开思考，用一问一答把一个哲理性的问题阐述明白。后人经常用三、四两句诗来比喻在工作或学习上要不断汲取新鲜养分，才能取得不断进步。

泛舟①

朱熹

昨夜江边春水生②，艨艟③巨舰一毛轻④。
向来⑤枉费推移力⑥，此日中流⑦自在行。

【注释】

①泛舟：在江中行船。②春水生：春水涨。③艨艟：古时战船，此处指大船。④一毛轻：像一片羽毛一样轻。⑤向来：一直以来。⑥推移力：推挽移动船的气力。⑦中流：江河中央。

【赏析】

和《观书有感》一样，《泛舟》也是用形象的生活常识来阐明读书做学问的道理。诗人告诉人们，要想做大学问，就必须有丰厚的知识积累。就如水中行舟一样，只要有了足够的水量，大船战舰就会像羽毛一样被轻轻托起，在江流中自在地穿行。

枫桥夜泊①

张继

月落乌啼霜满天，江枫②渔火对愁眠。
姑苏城③外寒山寺④，夜半钟声到客船。

【注释】

①诗题一作《夜泊枫江》。枫桥：一名封桥，在今江苏省苏州市阊门外枫桥镇。②江枫：原作『江烽』，今据别本改。③姑苏城：指苏州。④寒山寺：寺名，在枫桥附近，相传因唐代高僧寒山曾居于此而得名。

【赏析】

这是记叙夜泊枫桥的景象和感受的诗。诗人在寒霜满天的秋夜泊船枫桥，客中的寂寞愁思使他夜深难寐，伴他度过这不眠之夜的唯有江枫渔火和古刹钟声。诗的第一句写所见（月落），所闻（乌啼），所感（霜满天）。第二句以枫桥附近的景色来烘托愁寂的心情。三、四句写客船卧听古刹钟声，一时更显清愁。此诗融情入景，平凡的桥，平凡的树，平凡的水，平凡的寺，平凡的钟，经过诗人的手笔，就构成了一幅情味隽永幽静诱人的江南水乡的夜景图。不仅此诗千百年来脍炙人口，诗中的寒山寺也因此而闻名遐迩。

寒夜

杜耒

寒夜客来茶当酒，竹炉①汤沸②火初红。

寻常③一样窗前月，才有④梅花便不同。

【注释】

①竹炉：一种烧炭的小火炉，外壳用竹子编成，炉壁用泥，中间有铁栅，隔为上下。古人用来烹茶。②汤沸：热水沸腾。③寻常：平常。④才有：同『一有』。

【赏析】

这首诗通过描写诗人以茶代酒招待友人寒夜来访和共赏明月梅花相映成趣的情景，反映了诗人朴素的品质和高雅的情致。『茶当酒』三字，从侧面反映出了诗人交往的友人也是高雅之士。『汤沸火初红』则让人联想到『话逢知己千句少』的情景。两人围炉、品茶、谈心，暖意融融中畅所欲言，各抒己见，久谈不倦。后两句对梅与月的赏爱，是诗人高雅审美情趣的反映。

霜夜①

李商隐

初闻征雁②已无蝉③，百尺楼台水接天④。

青女⑤素娥⑥俱耐冷，月中霜里斗⑦婵娟⑧。

【注释】

①诗题一作《霜月》。霜夜：秋季的霜天和明月。②征雁：农历八月正从北方飞向南方的大雁。③蝉：俗名『知了』，此指蝉声。听到飞鸿的叫声时已听不到蝉鸣了。④水接天：水天一色。⑤青女：传说中主管霜雪的神。⑥素娥：传说中的月里嫦娥。⑦斗：比赛。⑧婵娟：美好的姿容。

【赏析】

这是一首写秋夜景色的诗。农历的七、八、九三个月是秋季，七月蝉鸣高树，八月北雁南飞，九月霜降。因此听到雁的叫声时已无蝉鸣。当清秋之夜，诗人登上百尺高楼，远望水天一色，想象天上的青女、素娥都不怕冷，在那里各显娇美的姿态，青霜和明月争辉，与春江花月夜相比，别有一番江天辽阔、玉洁冰清的美感。

梅

王淇

不受尘埃半点侵①，竹篱茅舍②自甘心。
只因误识林和靖③，惹得诗人说到今。

【注释】

①侵：侵染，侵蚀。②竹篱茅舍：这里把梅花拟人化，喻示处境清苦。③林和靖：即北宋著名诗人林逋，他隐居西湖孤山的梅岭上，一生不仕不娶，以种梅养鹤为乐，人称『梅妻鹤子』。他的咏梅名句『疏影横斜水清浅，暗香浮动月黄昏。（《山园小梅》）』脍炙人口。

【赏析】

这是一首借物咏怀的诗。作者描写了梅花甘于寂寞，不受尘世污染的高洁形象，表达出自己的人生志趣。诗人在前两句首先点染出梅花遗世独立的形象，她不沾染人间的污浊气息，伴着竹篱茅舍而自得其乐，一派高标绝俗的风格。后两句则是从侧面烘托。虽然梅花甘于寂寞，不求人知，但却不幸为林和靖所赏识，因为他的传扬而引起了人们

的注意，惹得各类文人骚客纷纷做诗赞赏，直到今日，仍不得清静。在这两句中，诗人以诙谐调侃的手法进行议论，似乎是在为梅花鸣不平，实则是进一步维护了梅的高雅品格。

早春

白玉蟾

南枝①才放两三花，雪里吟香弄粉些②。

淡淡著烟浓著月，深深笼水浅笼沙③。

【注释】

①南枝：靠南的树枝，因近日而暖，故花先放。才放两三花，指初开。②雪里句：吟香，咏叹玩味梅花的清香。弄：玩赏。粉些：粉白色。些，语气助词，相当于口语『啊』。③淡淡、深深两句：著，同着，附着，抹上。笼：笼罩，映照。二句意为这白梅在烟雾里看起来淡淡的，在月光下又显得浓浓的。花影映到水里深深的，照到沙滩上又显得浅浅的。

【赏析】

诗歌虽名为《早春》，但实际写的却是早春的梅花，而诗人着重抓住雪地里和月光下两个典型环境来刻画梅花的独有神韵，展现出月光、白雪、梅花交相辉映的迷人图景。诗歌的末两句化用『烟笼寒水月笼沙』之意，收到了恰如其分的效果。

泊秦淮①

杜牧

烟笼②寒水月笼沙，夜泊秦淮近酒家。

商女③不知亡国恨，隔江犹唱《后庭花》④。

【注释】

①诗题一作《秦淮夜泊》。秦淮：秦淮河，从南京入长江。②烟笼：烟雾笼罩。③商女：卖唱的歌女。④后庭花：即乐曲《玉树后庭花》，相传陈后主（叔宝）所作。他耽于声色，终至亡国，后人把《后庭花》看作亡国之音。

【赏析】

这是一首政治讽喻诗。表面看，作者是在讽刺那些整日逐欢、不知亡国之痛的歌女。但实际上作者的矛头所向，是当时的统治者。在这个意义上，不知亡国恨的岂止是商女。

归雁①

钱起

潇湘②何事等闲③回，水碧沙④明两岸苔⑤。
二十五弦⑥弹夜月⑦，不胜⑧清怨却飞来。

【注释】

①归雁：这里指从南方归来的大雁。②潇湘：即潇水和湘水，在今湖南。古代有鸿雁南飞而不过湖南衡山回雁峰的说法，所以这里以潇湘来指代归来大雁曾在南方的栖息地。③等闲：轻易。④沙：沙滩。⑤两岸苔：这里是说两岸植物繁茂，青翠欲滴。⑥二十五弦：指瑟这种乐器。据《汉书·郊祀志》：『帝使素女鼓五十弦，悲，帝禁不止，故裂其瑟为二十五弦。』⑦弹夜月：此用典故。古代神话中有湘水神湘灵在月夜下鼓瑟思夫的故事。⑧不胜：无法承受，承受不住。

【赏析】

这首诗把大雁拟人化，设为人雁问答之辞。湘江之畔，回雁峰前，水碧沙明，莓苔遍地，鸿雁何以轻易飞回。回答是湘灵（舜的妃子）在月夜里弹瑟，大雁受不了那凄清愁怨的音乐，故又从潇湘折回。这湘灵鼓瑟，不但感人，而且及物。难怪舜帝要把五十弦的瑟裂为二十五弦，而鸿雁仍不胜其清怨，只得从衡阳折回。

题壁

无名氏

一团茅草乱蓬蓬①，蓦地②烧天蓦地空。
争似③满炉煨④榾柮⑤，慢腾腾地暖烘烘。

【注释】①乱蓬蓬：杂乱蓬松的样子。②蓦地：突然，一下子。③争似：怎似，哪里比得上。④煨：用小火烧烤。⑤榾柮：枯树根木柴块。

【赏析】这首诗的作者无可考。据张瑞义《贵耳集》载：嵩山极峻法堂壁上有一诗，即此诗。我们可以把它理解为一位深谙世故的人写的隐喻诗。前两句比喻政治上炙手可热、气焰嚣张的人转眼间就身败名裂化为乌有。后两句则指那些安于平静，默默无闻生活的人。

七言千家诗 卷下

上元①应制②

蔡襄

高列千峰③宝炬④森⑤，端门⑥方喜翠华⑦临。
宸游⑧不为三元⑨夜，乐事还同万众心。
天上清光留此夕，人间和气阁⑩春阴。
要知尽庆华封祝，四十余年惠爱深。

【注释】

①上元：即农历正月十五元宵节。②应制：奉皇帝之命写诗作文。③千峰：古代元宵灯景，呈现出峰峦重叠的样子。④宝炬：华美巨大的灯烛。⑤森：排列，罗列。⑥端门：宫殿的正门，即宣德门。⑦翠华：皇帝的仪仗。此代指皇帝。⑧宸游：皇帝出游。⑨三元：正月十五为上元，七月十五为中元，十月十五为下元。⑩阁：即『搁』，停留，收取。

【赏析】

应制，就是接受皇帝之命而作诗。元宵即正月十五的晚上，它既是民间灯节，也是古代皇帝、官员与百姓普天同庆的日子。封建皇帝往往在当夜出宫接见臣民。作者当时身为宰相，奉命应制作诗。此诗善于铺陈排比，形象逼真，清新悦目。如：颈联『天上清光留此夕，人间和气阁春阴』，写天上清光普照，人间和气蔼蔼，渲染出一派『与民同乐』的气氛。

上元应制

王珪

雪消华月满仙台①，万烛当楼宝扇开。
双凤云中扶辇②下，六鳌海上驾山来③。
镐京④春酒沾周宴，汾水⑤秋风陋汉才。
一曲升平人尽乐，君王又进紫霞杯。

【注释】

①仙台：宫殿楼台。②辇：帝王所乘车。③鳌山句：鳌是海上大龟。鳌山是灯景一种，即把灯堆叠成象巨鳌似的山形。④镐京：西周国都。此指宋王城。⑤汾水：在山西省中部。

【赏析】

应制之作。把上元夜景描绘得细致生动。这种歌舞升平、君臣赋诗的景象，周代不能相比，汉代也显浅陋。这在当时，不能算是『厚今薄古』，而是对皇帝老子的溢美之辞。诗题《宋诗别载集》为《依韵恭和御制上元观灯》。

侍宴①

沈佺期

皇家贵主②好神仙③，别业④初开云汉边⑤。
山出尽如⑥鸣凤岭⑦，池成不让⑧饮龙川⑨。
妆楼⑩翠幌⑪教春住⑫，舞阁⑬金铺⑭借日悬⑮。
敬从⑯乘舆⑰来此地，称觞献寿⑱乐钧天⑲。

【注释】

①诗题一作《侍宴安乐公主新宅应制》。②皇家贵主：皇家尊贵的公主。这里指唐中宗之女安乐公主。③好神仙：喜好信奉神仙。④别业：别墅。⑤云汉边：形容该建筑之高，直入云霄。云汉：银河、天河。⑥尽如：全像。⑦鸣凤岭：陕西凤翔县的岐山，因传说周朝兴起时有凤凰鸣于此而得名。这里用来形容安乐公主别墅假山的高大。⑧不让：不亚于，比得上。⑨饮龙川：指渭水，这是文王兴起之地。⑩妆楼：梳妆打扮的起居楼。⑪翠幌：绿色的帐幔。⑫教春住：让春色永驻。⑬舞阁：听歌看舞的楼阁。⑭金铺：古代富有装饰意义的门环底座。一般用铜制成，所以称『金铺』。⑮借日悬：形容金铺金光灿灿，就像借来了日光。⑯侍从：一作『敬从』。⑰乘舆：专指皇帝的车驾。⑱称觞献寿：举起酒杯，为皇帝祝寿。称：举。觞：古代用牛角制成的盛酒器。献，这里是祝福的意思。⑲乐钧天：演奏曲名为『钧天』的曲子。乐，奏乐。钧天，乐曲名，『钧天广乐』的简称。

【赏析】

沈佺期这首应制诗，是在唐中宗驾幸安乐公主新宅时写的。唐中宗的女儿安乐公主，是历史上一个掌弄权谋且生活奢华的人。她不但干预朝政，而且穷奢极欲。她广造宅第，垒山造池，雕楼画梁。作者跟随唐中宗一起游赏安乐公主新宅时，不得不应命作诗。诗中虽有美誉之词，但客观上揭露了安乐公主奢侈豪华的生活。

插花[①]吟[②]

邵雍

头上花枝照酒卮[③]，酒卮中有好花枝。
身经两世[④]太平日，眼看[⑤]四朝[⑥]全盛时。
况复[⑦]筋骸[⑧]粗康健，那堪时节正芳菲[⑨]。
酒涵花影[⑩]红光溜[⑪]，争忍[⑫]花前不醉归。

【注释】

①插花：戴花。②吟：一种诗歌体裁。③酒卮：一种盛酒器。④两世：指六十年，古代称三十年为一世。⑤看：一作『见』。⑥四朝：指宋代真宗、仁宗、英宗、神宗四个朝代。⑦况复：何况又，况且还。⑧筋骸：筋骨。⑨芳菲：花草芳香丰茂。⑩酒涵花影：酒中映照着花的影子。⑪红光溜：花影在酒光中流光溢彩。⑫争忍：怎忍。

【赏析】

在这首诗中，字里行间都流露出了他对生活的一种满足。首联一开始就说明诗人心情不错，头插鲜花，照着酒卮来欣赏。颔联和颈联接着对首联进行解释，说明心情愉快的原因：经历两世太平，看到四朝全盛，年老身体康健，正值花木芳菲。这么多的好事加在一起，诗人自然有说不出的高兴。尾联又呼应首联，美酒映着红花，流光溢彩，闪烁诱人，诗人忍不住纵情畅饮，一醉方休。

寓意[①]

晏殊

油壁香车[②]不再逢，峡云[③]无迹任西东。

梨花院落溶溶[4]月，柳絮池塘淡淡[5]风。
几日寂寥伤酒[6]后，一番萧瑟禁烟[7]中。
鱼书[8]欲寄何由达，水远山长处处同。

【注释】

①诗题一作《无题》。寓意：诗人在诗中有所寄托，但在诗题上又不便明白说出，只能由人从诗中体会。实际相当于『无题』。②油壁香车：古代妇女所乘坐的轻便小车。车壁用油漆涂刷，装饰华美。③峡云：巫山峡谷上空的云彩。宋玉《高唐赋》中记载，有巫山神女，与楚王相会，自称住在巫山南，『旦为行云，暮为行雨，朝朝暮暮，阳台之下』。后人以巫峡云雨来代指男女爱情。④溶溶：形容月光如水的样子。⑤淡淡：形容春风和煦的样子。⑥伤酒：饮酒过量，即喝醉。⑦禁烟：指寒食和清明时节禁火。⑧鱼书：古人常以鱼、雁作为传递书信的使者。鱼书：代指书信。

【赏析】

诗题一作《无题》，说明诗歌主旨含蓄隐晦，可作政治隐喻诗解，也可作爱情诗解，一般从后者。首句『油壁香车』透露出一种富贵气息，借指美丽的青年女子。『不再逢』、『任西东』说明诗人对女子离别后无处可寻的哀叹。颔联是寓情于景的名句，通过落花、飞絮、冷月、轻风渲染出惆怅寂寥，千回百转的男女情思，达到高度的情景交融。颈联借酒浇愁，却备添其哀。末尾两句自问自答，一种无可奈何而又无处逃遁的思念之情尽溢笔下。全诗写得典雅精巧，情真意切。

寒食书事

赵鼎

寂寂柴门村落里，也教插柳[1]纪年华。
禁烟不到粤人国[2]，上冢亦携庞老[3]家。
汉寝唐陵无麦饭[4]，山溪野径有梨花。
一樽[5]竟藉[6]青苔卧，莫管城头奏暮笳[7]。

【注释】

①插柳：寒食节风俗，在门上插柳枝，标示春天来到。②粤人国：今广东地方。当地无禁火习俗。③庞老：庞德公，东汉人，隐居不仕。此句指平民百姓也全家上坟祭扫。④麦饭：以麦为饭，指粗食。此句讲汉唐的陵寝无人供奉。⑤樽：盛酒器。⑥藉：借，靠着。⑦暮笳：笳指胡笳，古乐器。此指画角，古管乐器，形似竹筒，本细末大。外加彩绘，故名。暮笳，指傍晚的画角声，预示关城门。

【赏析】

这是诗人贬官崖县时写的诗。此地虽然没有禁烟寒食的风俗，却跟中原一样，清明时节，家家上坟祭扫。普通的平民百姓，家家户户，热热闹闹，全家上坟。而那些曾显赫一时的唐宗汉祖的坟坛，却冷冷清清，满目蓬蒿，连粗茶淡饭也无人供奉。这个鲜明强烈的对比，说明人世变化无常，跟诗人在政治上经受打击的情况，何其相似。故诗人感慨万千，醉卧青苔之上，一任暮笳吹奏，也不离开。

清明

黄庭坚

佳节清明桃李笑①，野田荒冢②只生愁。
雷惊天地龙蛇③蛰，雨足郊原④草木柔。
人乞祭余骄妾妇⑤，士甘焚死不公侯⑥。
贤愚⑦千载知谁是，满眼蓬蒿⑧共一丘⑨。

【注释】

①笑：指花朵绽放。②冢：指坟墓。③龙蛇：指像龙蛇一样冬眠的爬虫类。④郊原：郊外的原野。⑤人乞祭余骄妾妇：这是说《孟子·离娄》中的一个故事：有个齐国人，每天乞食人家祭奠死人的残酒剩饭，回到家中就同妻妾炫耀被富贵人家款待。妻妾生疑后，就跟踪他，结果发现了真相。⑥士甘焚死不公侯：这是说介子推焚死的故事。《左传》中记载：春秋时期的介子推，宁愿被烧死于绵山的树林中，而不愿出山接受晋文公的封赏。后人为了纪念他，定他的忌日

为寒食节。⑦贤愚：贤明和愚蠢。⑧蓬蒿：指生长在坟墓上的杂草。⑨丘：这里指坟墓。

【赏析】

这是诗人在清明节时写下的一首感怀诗，感叹人生短暂，世事如过眼云烟。诗的开头写桃李烂漫、春意盎然，接着又写郊野荒冢，凄凉愁怨，两相对照，引发人的思考。二联写景，春雷震动，万物复苏，春雨滋润万物，草木葱绿。三联议论分评无耻小人与忠臣节士，仍是两两列举，对比鲜明。尾联继续抒发感慨，无论贤愚，到头来都是黄土盖身。诗人以大自然中的勃勃生机与人世间不可逃脱的死亡命运进行对照，表现出了消极虚无的思想，但未必也不是诗人内心对世事愤慨的一种表达。

清明①

高翥

南北山头多墓田，清明祭扫各纷然②。
纸灰③飞作白蝴蝶，泪血染成红杜鹃④。
日落狐狸眠冢上，夜归儿女笑灯前⑤。
人生有酒须当醉，一滴何曾到九泉。

【注释】

①诗题一作《清明日对酒》，据别本改。②纷然：形容祭扫的人很多。③纸灰：祭祀时纸钱烧成的灰。古代迷信认为，纸钱烧掉后，可以送到阴间给死者当钱用。④『泪血』句：祭扫者痛哭流涕，泪中带血，如杜鹃啼血。⑤夜归：祭扫完坟墓后回家。

【赏析】

诗明自如话，白蝴蝶、红杜鹃比喻形象生动。颔联可谓鞭辟入里，揭露了哀哭扫墓的形式做法。末句以『人生有酒须当醉』的人生基调收束，表达了作者消极的人生哲学。

秋千

释惠洪

画架①双裁②翠络③偏，佳人春戏小楼前。

飘扬血色④裙拖地，断送⑤玉容⑥人上天。

花板⑦润沾红杏雨，彩绳斜挂绿杨烟。

下来闲处⑧从容立，疑是蟾宫⑨谪降仙⑩。

【注释】

①画架：有图画装饰的秋千架。②裁：截断。③翠络：绿色的丝绳。④血色：鲜红色。⑤断送：牵引，推送。⑥玉容：代指容貌美丽的姑娘。⑦花板：秋千上雕花的踏脚板。⑧闲处：清幽之处。⑨蟾宫：指月宫。传说月中有蟾蜍，所以又称月宫为蟾宫。⑩谪降仙：意思是月宫嫦娥被贬谪下凡。

【赏析】

这是一首描写佳人春日荡秋千游戏的诗。一日，诗人见有女子荡秋千游戏，不经意观之，却被该女子的美色吸引震撼，即景生情，不由作诗记之。全诗重点描写佳人之美。首联直切诗题，总领下文。『画架』和『翠络』两词既说明主人公出身富贵，又以精美秋千和绝色美人的珠联璧合相映成趣，于无形中烘托出了人之美妙。接下来抓住荡秋千的特定情景，紧承上联的『戏』字，从动态上铺展开来，细致描绘。首先通过亮丽的衣着打扮和如花似玉的容貌，进行正面描写，展现佳人的绰约风姿。接着利用『花板』、『彩绳』和『红杏』、『绿杨』从侧面烘托，描绘出了人之娇美动人。尾联再从静态上写，进行大胆的比拟联想，把一位雍容闲雅、亭亭玉立的绝代佳人展现在了人们眼前。该诗有远观，有近看，寓静于动，动静结合，显得生动活泼，情趣盎然。

黄鹤楼①

崔颢

昔人②已乘黄鹤去，此地空余黄鹤楼。

黄鹤一去不复返，白云千载空悠悠③。

晴川④历历⑤汉阳⑥树，芳草萋萋⑦鹦鹉洲⑧。

日暮乡关⑨何处是，烟波江上使人愁。

【注释】

①黄鹤楼：三国吴黄武二年修建的名楼。旧址在湖北武昌黄鹤矶上，背靠蛇山，俯见长江。②昔人：传说中的仙人。据《齐谐记》记载，有仙人子安曾乘黄鹤过黄鹤矶，《太平寰宇记》则记载有费文伟登仙后常乘黄鹤在此楼上停息的故事。因此有『黄鹤楼』之名。③悠悠：白云飘浮舒展的样子。④晴川：阳光照耀下晴明的江面。⑤历历：清楚分明的样子。⑥汉阳：在今武汉市汉阳区。⑦萋萋：草茂盛的样子。⑧鹦鹉洲：长江上的小洲，在武昌北长江中，传说三国时《鹦鹉赋》的作者祢衡被黄祖杀死后葬于此洲，因而得名。⑨乡关：故乡。

【赏析】

这首著名的《黄鹤楼》诗从动人的神话传说写起，把现今黄鹤楼的寥落空荡勾画出来。汉阳历历在目的树木和鹦鹉洲上繁茂的春草，更加突现了黄鹤楼的空旷幽寂。在如此氛围中，更使人念天地之悠悠，思故乡之情顿生。可是，眼前只有一派烟波浩淼的滔滔江水。这首熔神话、传说、游赏、乡思于一炉的短诗，历来为众人称道。当年李白也颇表叹服：眼前有景道不得，崔颢题诗在上头。

旅怀①

崔涂

水流花谢两无情，送尽东风过楚城②。

蝴蝶梦③中家万里，杜鹃枝上月三更④。

故园书动⑤经年绝，华发春催两鬓生⑥。

自是不归归便得⑦，五湖烟景⑧有谁争。

【注释】

①诗题一作《春夕旅梦》，一作《春夕旅怀》。②楚：战国时的楚地，今湖北、湖南一带。③蝴蝶梦：指『庄周化蝶』一说。《庄子·齐物论》中说：一日庄子梦见自己化为了一只蝴蝶，醒来时，不知是自己化作了蝴蝶，还是蝴蝶化作了自己。诗人借此说自己梦中化作蝴蝶飞回家乡。④杜鹃枝上月三更：一作『子规枝上月三更』。⑤动：动辄。⑥华

发春催两鬓生：一作『华发春惟满镜生』。⑦得：能够，行。这里指回到日思夜想的故乡。⑧五湖烟景：这里引用了范蠡功成身退，泛舟五湖的传说。以此指作者的家乡，也即远离官场的归隐之地。

【赏析】

这首诗是诗人旅居湘鄂时所作的怀乡诗。第一句『水流花谢』点出暮春季节，写时间。第二句说来到『楚城』，写地点不是自己的故乡。第三、四句对仗非常工稳，历来为人传诵。『梦蝴蝶』典故，烘托出诗人的乡思无限，半夜三更的杜鹃哀鸣，更渲染出诗人的凄凉寂寞。第五句写乡书『断绝』，第六句写『两鬓』、『华发』，进一步写出内心的悲凉。最后两句『自是不归归便得，五湖烟景有谁争』，不过是自我解嘲而已。

江村①

杜甫

清江一曲抱村流，长夏江村事事幽。
自去自来②梁上燕，相亲相近③水中鸥。
老妻画纸为棋局，稚子敲针作钓钩。
多病所须惟药物，微躯此外更何求。

【注释】

①江村：指成都浣花溪边的一处村庄，为杜甫草堂所在。②自去自来：自由自在的样子。③相亲相近：互相追逐嬉戏。

【赏析】

这是诗人居于成都西郊草堂时的作品。诗人在安史之乱后来到成都，在浣花溪边建屋定居，虽然生活较为宁静，但贫困交加，身体多病，而为国效力的希望也已落空，诗人内心忧郁孤寂。诗的首联写出所在村庄的清幽环境，江水绕村而流，夏日无事自居。接着诗人写村里的景致，自由自在的燕子，无忧无虑的沙鸥，一派和谐景象。因为无事，妻子用纸画出棋局，小儿子拿针来做钓钩，家人团聚，闲适安乐。但在最后一联，作者感慨自己的老病之躯，情调急转直下，变得苍凉沉郁，诗人内心的愁苦立现纸上。

夏日

张耒

长夏江村风日清，檐牙燕雀已生成①。
蝶衣晒粉花枝舞，蛛网添丝屋角晴。
落落②疏帘③邀月影，嘈嘈④虚枕纳溪声③。
久斑两鬓如霜雪，直欲樵渔⑤过此生。

【注释】

①檐牙：瓦檐中的空隙，燕雀为巢。②落落：稀疏。③帘：挡光的竹帘。④嘈嘈：流水声。⑤樵渔：砍柴打鱼。

【赏析】

这是诗人罢官后闲居江村时所写下的一首诗，描写了夏日江村的美好风光，表现了自己内心的闲适安乐。闲居乡村，夏日悠长，只见檐下乳燕嬉闹，花间彩蝶翩飞，屋角蜘蛛忙碌，这些都是白天的景象。诗的下半首转而描写夜间，月光透进稀稀疏疏的窗帘，枕上卧听叮叮咚咚的溪声，越发显得安闲静谧，眼看着时光催人老去，与其红尘扰攘，不如在此过陶然愉悦的隐居生活。全诗轻巧绵密，充满理趣，表达了诗人内心甘于淡泊的情怀。

辋川①积雨②

王维

积雨空林烟火迟③，蒸藜④炊黍饷东菑⑤。
漠漠⑥水田飞白鹭，阴阴⑦夏木啭黄鹂。
山中习静观朝槿⑧，松下清斋折露葵⑨。
野老与人争席⑩罢，海鸥何事更相疑⑪。

【注释】

①诗题一作《积雨辋川庄作》，一作《秋归辋川庄作》。辋川：即辋川庄，王维晚年隐居的别墅，在今陕西蓝田

终南山。②积雨：久雨。③烟火迟：烟火上升迟缓。④黎：通『藜』，一种植物，嫩叶可食。⑤饷东菑：往东边的田里去送饭。饷：给在田间劳动的人送饭。菑，才开垦耕种的田地。⑥漠漠：广漠，茫茫一片。⑦阴阴：形容树木浓密幽深。⑧朝槿：即木槿，其花朝开暮谢，常被古人用作人生无常的象征。⑨葵：植物名，古代主要的蔬菜之一。⑩争席：争座位。指融洽无间，不拘礼节。这里用了典故，见《庄子·寓言》。⑪海鸥何事更相疑：这里用了典故。据《列子·皇帝篇》记载，海边有人与海鸥相处和洽，鸥鸟亦不猜疑，成群地飞来与他亲近。一天，他父亲要他将海鸥捕捉回去，他再到海边时，海鸥都离他远远的，不再与他亲近了。

【赏析】

《旧唐书·王维传》载：『维弟兄俱奉佛，居常蔬食，不茹荤血，晚年长斋，不衣文采。』，这首诗正是诗人晚年生活的写照。这首诗音调和谐，节奏铿锵，意境优美。三、四句是全诗最精彩的一联，在叠字的运用上有独到的功夫。用了『漠漠』、『水田』就显得广阔辽远，『白鹭』也就有了自由飞翔的余地。用了『阴阴』，雨后的『夏木』才显出葱绿浓阴，『黄鹂』鸣唱才显出宛转清幽。

新竹①

陆游

插棘②编篱谨护持，养成寒③碧映涟漪④。
清风掠地⑤秋先到⑥，赤日行天⑦午不知⑧。
解箨⑨时闻声簌簌，放梢⑩初见影离离⑪。
归闲⑫我欲频来此，枕⑬簟⑭仍教到处随。

【注释】

①诗题一作《东湖新竹》。②棘：荆棘。③寒：形容竹子的颜色给人一种清凉的感觉。④涟漪：水面细小的波纹。⑤掠地：（风）从地上刮过。⑥秋先到：这种感觉使人以为秋天提前到了。⑦行天：从天上走过。⑧午不知：即使在中午也不知道。⑨解箨：脱落笋壳。⑩放梢：竹梢长出新叶。梢，原作『稍』，今据别本改。⑪影离离：竹影稠密，这里用

来形容竹子长得繁茂。⑫归闲：回家闲居。⑬枕：这里指竹枕。⑭簟：竹席。

【赏析】

这是一首写景状物诗，诗人用独特的视角观察了新竹成长的全过程，读来妙趣横生。全诗无一『竹』字，但又字字关情。首句写种竹时的情景，第二句用水来烘托竹的清影，第三句用风来突出竹的清凉，第四句用光来反衬竹的清阴。颈联采用动静结合的手法，形象生动地描绘出竹子的成长特征。尾联抒发了诗人对竹林的爱慕和神往，表明了诗人对恬淡生活的渴求。

偶成①

程颢

闲来②无事不从容③，睡觉④东窗日已红。
万物静观⑤皆自得⑥，四时佳兴⑦与人同。
道通天地有形外⑧，思入风云变态中⑨。
富贵不淫贫贱乐⑩，男儿到此是豪雄⑪。

【注释】

①偶有所感写成。②闲：悠闲清静。③从容：不慌不忙，悠然自得。④觉：醒来。⑤静观：冷静地观察。⑥皆自得：都有心得体会。⑦佳兴：美好的兴致。⑧道通天地有形外：道能通达到天地间的有形之外。也就是说道能通达到天地间所有有形和无形的东西。⑨思入风云变态中：思维理念能进入一切的风云变幻之中。思：和上一句的『道』一样，就是程颢所主张的『理』。⑩富贵不淫贫贱乐：富贵不骄奢淫逸，贫贱能自得其乐。即主观认识上有自己的准则，不会为外界的物质条件所左右。⑪男儿到此是豪雄：男儿到了这种境界就是英雄豪杰了。此指作者所说的『富贵不淫贫贱乐』的思想境界。

【赏析】

诗人是宋朝有名的理学家，这是一首具有浓郁理性特质的诗。诗的主旨大致是以为天地万物客观真理，都存在于人的心中，这是作者宣扬的『道』，是主观唯心主义。这是一首『以理入诗，以诗言理』的作品。

月夜舟中

戴复古

满船明月浸虚空，绿水无痕①夜气冲。
诗思浮沉樯②影里，梦魂摇曳橹③声中。
星辰冷落碧潭水，鸿雁悲鸣红蓼风④。
数点渔灯⑤依右岸，断桥垂露滴梧桐。

【注释】

①诗题一作《月中泛舟》。无痕：指水面平静无波。②樯：桅杆。③橹：船桨。④红蓼：蓼草秋季开红花。⑤渔灯：捕鱼船上的灯。

【赏析】

作者一生浪迹江湖，这首诗可称得上他的生活的真实写照，因此诗中无不透出冷寞凄凉。秋夜，清寒的月色，冰冷的江水，星辰冷落，鸿雁悲鸣。在这样的气氛中，诗人的诗思和梦魂，只能在帆影和橹声中寂寞为伴。通读全诗，给人的只有悲愁、怅惘、寂寥、空旷之感。

长安秋望①

赵嘏

云物②凄凉③拂曙④流⑤，汉家宫阙⑥动⑦高秋。
残星几点雁横⑧塞，长笛一声人倚楼⑨。
紫艳⑩半开篱菊⑪静，红衣⑫落尽渚⑬莲愁。
鲈鱼正美不归去，空戴南冠学楚囚。

【注释】

①诗题一作《长安秋晚》，又作《长安秋夕》。②云物：云彩。③凄凉：一作『凄清』。④拂署：拂晓。署，通

『曙』。⑤流：流动。⑥汉家宫阙：这里指唐朝宫殿。⑦动：进入，呈现出。⑧横：飞过。⑨人倚楼：这里指吹笛人的姿态，斜靠着楼。⑩紫艳：艳丽的紫色。⑪篱菊：篱笆下的菊花。⑫红衣：红色的莲花瓣。⑬渚：水中高地。

【赏析】

这是一首悲秋思乡的佳作。作者也因诗中名句『长笛一声人倚楼』而被称为『赵倚楼』。诗起首便从秋天早晨写起，云雾凄清缭绕，宫苑内到处呈现出秋天的景象：残星数点，鸿雁破空，秋菊怒放，莲瓣漂落。值此清秋时节，游子颇动思乡之情，倚楼怅望，忽闻笛声，不由感慨顿生。末句连用两个典故，表达了『归去』的决心和不能『归去』的苦闷。

秋思

陆游

利欲驱人万火牛①，江湖浪迹一沙鸥②。
日长似岁闲方觉③，事大如天醉亦休。
砧杵敲残深巷月，梧桐摇落故园秋。
欲舒老眼无高处，安得元龙百尺楼④。

【注释】

①火牛：战国时齐将田单用火牛阵击败燕军。这里说世人争名逐利的劲头比火牛阵还要厉害。②沙鸥：水鸟。③觉：感觉到。④元龙百尺楼：元龙，名陈登，字元龙，三国时人。元龙曾怠慢名士许汜，自己睡上床，要许睡下床。后许对刘备发牢骚，刘备反驳他说：是你不对，要是我则睡在百尺楼上，叫你睡地下。

【赏析】

这是一首秋日抒怀的作品。诗人在前两联写自己远离利欲，自在闲适，浪迹江湖，饮酒作乐的情形，并与那些被利欲所驱的人作对比，突出了自己的清闲，写得疏放豪爽。第三联转入写景，以工整的对偶写出凄凉萧条的秋景，来隐喻自己的心情。尾联是全诗的收束，亦是点睛之处，诗人借用『元龙百尺楼』的典故，来表达自己英雄末路、报国无门的悲伤，写得十分含蓄。

冬景

刘克庄

晴窗早觉爱朝曦①，竹外秋声渐作威。

命仆安排新暖阁②，呼童熨帖旧寒衣。

叶浮嫩绿酒初熟③，橙切香黄蟹正肥。

蓉菊满园皆可羡，赏心从此莫相违。

【注释】

①朝曦：清晨的阳光。②暖阁：设有火炉的小阁楼。③叶浮：指新酿好的酒的表面泛起如同绿叶一样嫩绿的泡沫。

【赏析】

诗歌描写的是有闲士大夫的初冬生活，充满情趣。首联写景，朝阳暖照大地，秋风日趋寒冷。颔联和颈联叙事，展现出一幅衣足富食，其乐融融的画面。尾联抒情，充分表达出诗人尽情享受，及时行乐的闲适心情。全诗条理分明，风格自然，给人轻松之感。

冬至①

杜甫

天时人事日相催，冬至②阳生③春又来。

刺绣五纹④添弱线，吹葭⑤六管⑥动飞灰。

岸容待腊⑦将舒柳，山意冲寒欲放梅。

云物⑧不殊⑨乡国异，教儿且覆掌中杯。

【注释】

①小至：冬至前一天。诗题又作《小至》。②冬至：节气名，阳历12月21、22或23日。这一天昼短夜长。③阳生：阳气初动。④五纹：指五色花纹。⑤葭：苇。⑥管：玉管。此句讲葭灰塞入玉律管内，节气变化，相应律管内的葭灰就会

飞出。⑦腊：腊祭，阴历十二月间举行的祭礼，故称十二月为腊月。⑧云物：景物。⑨不殊：没什么两样。

【赏析】

这是一首写节令的诗，诗人描写了冬至到来时景物出现的变化。首联即点出时令，说明冬天即将到来，次联应『人事』，冬至后白天渐长，那么刺绣每天可多绣些，玉管也应该于此时飞灰了。第三联应『天时』，写冬至时自然界变化，河边柳树即将泛绿，山上梅花冲寒欲放，透出寒冬中所蕴含的丝丝春意。尾联写自己的感受，虽然身处异地，但云气不殊，所以诗人仍教儿斟酒，举杯痛饮。全诗层层紧扣，脉络分明，其中反映出诗人难得的舒畅心情。

山园小梅

林逋

众芳①摇落独暄妍②，占尽风情③向小园。
疏影④横斜水清浅，暗香浮动⑤月黄昏。
霜禽⑥欲下先偷眼⑦，粉蝶如知⑧合⑨断魂。
幸有微吟⑩可相狎⑪，不须檀板⑫共金樽⑬。

【注释】

①诗题一作《梅花》，原作二首，此其一首。众芳：即百花。②暄妍：繁盛而艳丽。③风情：风光。④疏影：稀疏的影子。⑤浮动：形容香气四处飘散。⑥霜禽：冬天的鸟。⑦偷眼：偷看，窥视。⑧如知：假如知道。⑨合：应当。⑩微吟：轻声吟唱。⑪相狎（xiá狭）：相亲近。⑫檀板：檀木做成的打节拍的小板子。⑬金樽：金饰的酒杯。

【赏析】

诗人林逋长期隐居山林，钟情于大自然，日以种梅养鹤为乐。首句一『众』一『独』对比鲜明，烘托出梅花的与众不同，独领风骚，引出第二句『占断风情向小园』。颔联是咏梅名句。诗人用清水来衬托梅花的疏影横斜，用朦胧月色来反衬梅花的清香飘逸，巧妙地将光影、色香、动静、天地融于一体，达到了互相映衬的效果，突出了梅花的秀美丰姿和淡雅花香。颈联用夸张的手法描写了『霜禽』和『粉蝶』对梅花的感受与赞美，凸现梅花的报春使者形象。

尾联用拟人手法，把梅花当做诗歌酬唱的伙伴，揭示出梅花的高洁品行。

干戈①

王中

干戈未定欲何之②，一事无成两鬓丝③。
踪迹大纲④王粲传，情怀小样⑤杜陵⑥诗。
鹡鸰⑦音断人千里，乌鹊巢寒月一枝⑧。
安得中山千日酒，酩然⑨直到太平时⑧。

【注释】

①干戈：本指武器，这里用来指代战争。②何之：『之何』的倒装，意谓去哪里。③丝：白丝，这里用来说明两鬓头发已白。④大纲：大概，大致相同。⑤小样：略似，差不多像。⑥杜陵：即杜甫，因其曾居住在杜陵一带，所以称『杜陵』。⑦鹡鸰：鸟名，古人常用此鸟来比喻兄弟。⑧乌鹊巢寒月一枝：意思是说归依无主，怀才不遇。⑨酩然：酩酊大醉的样子。

【赏析】

此诗抒发了生当乱世的感受。首联写战争不断，兵连祸结，自己已经白发苍苍，无处可以去避难。颔联用生逢乱世的诗人王粲、杜甫自比。颈联写亲人离散，音信断绝，自己仿佛像月夜里的乌鹊一样，找不到安身之所。尾联幻想能够喝下酩然大醉一千日的酒，在醉中度过乱世。尾联很出名，因为它写出了身处乱世者的共同心声。

归隐

陈抟

十年踪迹走红尘①，回首青山入梦频。
紫绶②纵荣争及③睡，朱门虽富不如贫。
愁闻剑戟④扶危主，闷听笙⑤歌聒⑥醉人④。
携取旧书⑦归旧隐，野花啼鸟一般春。

【注释】

①红尘：指人世间。②紫绶：古代高官用来系结印纽或佩玉的紫色丝带，这里指代高官。③争及：怎么比得上。④剑戟：『剑』和『戟』都是兵器，这里指代战争。⑤笙：乐器名。⑥聒：喧扰。⑦旧书：一作『琴书』。

【赏析】

这是一首描写隐居情怀的作品。陈抟在五代乱世中追求功名利禄多年，但一事无成，终于幡然醒悟，决心隐居，这首诗便表达了作者归隐时的情怀。他在诗中用睡眠的舒适来否定高官的荣耀，用贫居的自由来否定朱门的富贵，他不愿为世事操心，也劝诫世人不要沉溺于欢娱之中。诗中宣扬了避世高蹈、逍遥度日的乐趣，向世人披露了做官的种种不堪，阐明隐居之乐。诗中纯用议论，但活泼流利，并无沉腐之气。

山中寡妇

杜荀鹤

夫因兵死守蓬茅①，麻苎②衣衫鬓发焦。
桑柘废来犹纳税，田园荒后尚征苗。
时挑野菜和根煮，旋斫③生柴带叶烧。
任是深山更深处，也应无计避征徭④。

【注释】

①诗题一作《时世行》。蓬茅：茅屋。②麻苎：即苎麻。皮可用来织布。③旋斫：旋，即；斫，砍。④征徭：征收徭役。徭：劳役。

【赏析】

诗歌成功地刻画了一个避难山中的寡妇形象。首句着力描绘她面黄肌瘦，衣着简陋的外表特征。颔联揭示出造成寡妇悲惨生活的原因在于『桑柘废来犹纳税，田园荒尽尚征苗』。『犹』和『尚』说明了诗人对统治阶级横征暴敛的控诉和抨击。颈联具体描写了山中寡妇日常生活的清贫，细致而逼真。尾联深化了主题，揭露了整个社会的黑暗。这首诗是当时社会生活的真实写照，大胆地针砭时弊，具有高度的现实意义。

五言千家诗 卷上

春晓①

孟浩然

春眠不觉晓②，处处闻啼鸟。
夜来风雨声，花落知多少③。

【注释】

①诗题一作《春晓绝句》，又作《春晓》。春晓：春天的早晨。②不觉晓：不知不觉天已经亮了。③知多少：犹云不知多少，极言其多，是唐人常用句法。

【赏析】

这首诗是五言古绝句，押上声韵。诗人摘取春眠醒来一瞬间的感受而写成。语言浅近，如话家常。暮春季节，风雨之夜，诗人酣然入睡，一觉醒来，鸟声一片，因鸟啼而知天已放晴。转而念及昨夜一场风雨，不知又有多少花儿被吹打掉了。短短二十个字，既勾勒出春天早晨的美丽，刻画了大自然的瞬息变化，又表达了诗人爱春而又惜春的感情。

独坐敬亭山①

李白

众鸟高飞尽，孤云独去闲②。
相看两不厌，只有敬亭山。

【注释】

①敬亭山：古名昭亭山，晋代为避晋文帝司马昭名讳改称敬亭山。位于唐代宣州，在今安徽省宣城县北十里。《江南通志》云：『东临宛溪，南俯城阙，烟市风帆，极目如画。』②闲：安静。

【赏析】

敬亭山在今安徽宣城，这首诗是李白离开长安后，经过十几年的漫游，来到宣城时所写。前两句状眼前之景，流

露出孤独之感。『尽』、『闲』两个字，把读者引入一个『静』的境界。群鸟飞尽，带走了喧闹，密云消散只剩下孤云，在这种动静互衬中烘托出诗人心灵的孤独和寂寞。后两句用浪漫主义手法，将敬亭山人格化。『两不厌』表现了诗人与敬亭山精神上的感情交流与默契。全诗平淡恬静而动人，诗人的思想感情与自然景物达到了高度融合的境界。

登鹳鹊楼[1]

王之涣

白日依山尽[2]，黄河入海流。

欲穷千里目，更上一层楼。

【注释】

①鹳鹊楼：又名鹳雀楼，故址在今山西省永济县，因常有鹳雀栖其上而得名。当时鹳鹊楼楼高三层重修后为六层，前对中条山，下临黄河，众多文人登临赋诗。②依山尽：顺着山谷消失。

【赏析】

这首诗是唐人绝句中传诵千古的名篇，历来脍炙人口。诗人登高望远，寥寥数语，把景色写得浩瀚壮阔，气魄雄浑，同时又虚实相间，富于哲理。诗的两联皆用对仗，顺乎自然，浩大无边。『欲穷千里目，更上一层楼』，展示了诗人宽广的胸怀和不凡的气概，更被后世追求理想境界的人视为鼓舞自己不断攀登的座右铭。

春怨[1]

金昌绪

打起黄莺儿[2]，莫教[3]枝上啼。

啼时惊妾[4]梦，不得到辽西[5]。

【注释】

①诗题一作《伊州歌》。春怨：写女子春夜思念远征边塞的丈夫。②黄莺儿：黄莺。『儿』字，古代与『啼』、『西』押韵。③莫教：不使。④妾：古代妇女自称。⑤辽西：辽河以西的地方，即诗中少妇的丈夫从军的所在地。

【赏析】

这是一首怨情诗，写一个女子对从军辽西的丈夫的怀念之情。开头写『打起黄莺』，为的是『莫教啼』，因为它的鸣叫『惊妾梦』，使女子与远方丈夫的梦中欢会不能完成。作者表面写少妇对黄莺的怨恨之情，其实是为了表现其对远去辽西的丈夫的深切怀念。诗中先果后因，生动活泼而又情深意远，富有浓郁的生活气息。

思君恩

令狐楚

小苑①莺歌歇，长门②蝶舞多。
眼看春又去，翠辇③不曾过。

【注释】

①小苑：指宫廷中的林苑。②长门：汉武帝陈皇后失宠后居长门宫，后世多代指失宠宫女所住居所。③翠辇：皇帝乘坐的小车，饰有翠鸟的羽毛。

【赏析】

这是一首描写宫女内心痛苦的诗。封建时代，皇帝生活穷奢极侈，荒淫无度，从民间挑选大批女子入宫。她们进入宫廷后，终身幽居，不准再与外人婚嫁，不准与亲人见面，只有寄托希望于万一，想得到皇上的恩宠。但是，大多数宫女的这种希望都只能落空，抱恨终生。诗中写春天美丽的景色，使宫女们激起心绪万千：绿树枝头，黄莺歌唱，红花丛中，彩蝶飞舞，自然界生机勃勃。但是，深宫中却是那样冷漠，春光流逝，红颜将老，但皇帝的踪迹杳然。作者以委婉曲折的笔法，如泣如诉地道出了宫女们的幽怨心情。

题袁氏别业①

贺知章

主人不相识，偶坐为林泉②。
莫谩③愁沽④酒，囊⑤中自有钱。

【注释】

①诗题一作《偶游主人园》。别业：即别墅，指住宅以外另置的园林及其建筑物。储光羲有诗云：『制岩开别业，桑柘亦依然。』（《荥阳马氏二子》）。②林泉：山林泉溪。③谩：通『慢』，轻视，怠慢。④沽：买。⑤囊：衣袋。

【赏析】

贺知章号称『饮中八仙』之一，又自称『四明狂客』。『知章骑马似乘船，眼花落井水底眠』，可见其豪放。这里，在『不相识』的主人面前，他也毫不顾忌，只是贪看别墅中的林木泉石，而且自言囊中有钱，主人不必为无钱打酒发愁，真称得上『狂客』。

竹里馆

王维

独坐幽篁①里，弹琴复长啸②。
深林人不知，明月来相照。

【注释】

①幽篁：幽静的竹林。②长啸：长歌。

【赏析】

此诗造语平淡无奇，但意境清幽绝俗。诗人在我与物会、情与景合之际，『俯拾即是，不取诸邻，俱道适往，著手成春』（司空图《诗品》）。王维有『诗佛』之称，这首诗虽然不如他的《辛夷坞》一诗冷寂幽冷，但同样令人『读之身世两忘，万念皆寂』（胡应麟《诗薮》）。

长干行①

崔颢

君家在何处②，妾住在横塘③。
停船暂借问，或恐④是同乡。

【注释】

①诗题一作《长干曲》。长干曲：属乐府《杂曲歌辞》调名。其内容多抒发船家女子的思想感情。崔颢有《长干曲》四首，记述了长干里船家的生活。长干，即长干里。地名，在今南京市，是当年船民聚居之所。李白所写的《长干行》也较有名。②君家在何处：一说「君家何处住」。③横塘：在今江苏省江宁县。④或恐：恐怕，或许。

【赏析】

崔颢《长干曲》共四首，此为第一首。第二首诗为：『家临九江水，来去九江侧。同是长干人，生小不相识。』这两首诗可以看作是男女相悦的问答诗，就像民歌中的对唱。第一首是天真无邪的少女起问；第二首是厚实淳朴的男子唱答。一对青年在江上行船时隔船问答，才知彼此原是同乡。诗句就像寻常口语，朴素自然，人物的神态在短短的问答中勾画得惟妙惟肖。全诗格调清新，不艳不媚，饶有情趣。

咏史

高适

尚有绨袍[1]赠，应怜范叔[2]寒。
不知天下士，犹作布衣[3]看。

【注释】

①绨袍：用较粗糙的丝制成的衣服。②范叔：即战国时政治家范雎。③布衣：麻布粗衣，借代贫寒之士。

【赏析】

咏史，多以古喻今、借古讽今之作。高适借历史上范雎和须贾的故事，抒发了自己贫寒不得志的心情，也为天下贫寒的有才之士鸣不平。

罢相作

李适之

避贤初罢相，乐[1]圣[2]且衔杯[3]。

为问④门前客，今朝⑤几个来。

【注释】

①乐：喜欢。②圣：代指美酒。北宋时期的李日方在所编《太平御览》中引《魏略》云：『太祖（曹操）时禁酒而人窃饮之，故难言酒，以白酒为贤人，清酒为圣人。』③衔杯：饮酒。④为问：试问。⑤今朝：现在。

【赏析】

这是一首即兴之作，天宝元年，诗人在朝廷任左相，被李林甫设计陷害，罢知政事，任太子少保。诗人写下这首诗作，抒发了自己不得已的无奈心情，也讽刺了世态炎凉。诗的前两句写自己被免相后，借酒消愁。『避贤』看似谦恭，实为讥刺愤慨之语。后两句发出疑问，当年奔走于门下的客人如今又能来几个？世态炎凉、人情冷暖立现眼前。诗句质朴，结构工整。

逢侠者

钱起

燕赵悲歌士①，相逢剧孟②家。
寸心③言不尽，前路④日将斜。

【注释】

①燕赵句：燕、赵均为周朝的诸侯国，据古书记载，燕赵之地多慷慨悲歌之士，故诗人有此语。②剧孟：汉代著名的侠士，洛阳人。此借指洛阳人家。③寸心：心中。④前路：前面的路途。

【赏析】

侠客是中国古代引人注目的人物。他们往往一诺千金，路见不平，拔刀相助，慷慨悲壮。这首《逢侠者》所赞美的就是这样的人物。开头两句，开门见山，写对方既是行侠仗义的壮士，又与自己相逢在大侠剧孟的故乡，故此次遭遇不同凡响。三、四两句，笔随情转，从自己对游侠的敬慕，顺理成章地想到人间不平之事，诗人有满腹话语需要倾诉，故说『寸心言不尽』，一直到『日将斜』，侠者不得不赶路了，才快快挥手分别。全诗前后呼应，一气呵成。

秋风引①

刘禹锡

何处秋风至，萧萧②送雁群。
朝来入庭树，孤客③最先闻。

【注释】

①秋风引：为乐府琴曲歌辞，即『秋风曲』。②萧萧：秋风声。③孤客：独居他乡的人，为诗人自指。

【赏析】

此诗写看到秋风送雁的感受。一、二两句从高处远处着笔，秋风从何处刮来？它阵阵相送着南归的雁群，而游子思乡却不能像雁群一样南归。三、四两句从低处近处去写，用风吹动树叶的情景，进一步衬托出旅途游客的孤单。

秋日

耿沣

返照①入闾巷②，忧来谁共语。
古道少人行，秋风动禾黍③。

【注释】

①返照：夕照。②闾巷：门巷。闾，里门。巷，弄堂。③禾黍：庄稼。

【赏析】

这是一首触景生情的秋日感怀诗。夕阳、古道、悲风营造出浓浓的秋意，渲染出诗人心中的淡淡哀愁，无处可诉的忧伤得到自然流露。

寻隐者不遇

贾岛

松下问童子，言师①采药去。

只在此山中，云深不知处②。

【注释】

①师：即隐者，为童子之师。②处：这里是行踪的意思。

【赏析】

这首诗采用了非常特别的问答形式，把诗人去寻访隐士而不得见的过程、原因表述得细微生动，意趣无穷。该诗语言简练，意蕴丰富，青松、高山喻示了隐者风骨节操之高洁。幽深的白云又说明了隐者的飘逸神秘，不可捉摸。『不知处』则给人以可望而不可及的感觉。而入山采药，早出晚归，独来独去，则是隐逸之士生活的具体写照。

汾上惊秋①

苏颋

北风吹白云，万里渡河汾。

心绪逢摇落，秋声②不可闻。

【注释】

①汾：即汾水，黄河的第二大支流。发源于山西省宁武县管涔山。在河津市西流入黄河。②秋声：秋风吹过，发出萧瑟之声。

【赏析】

这是一首将咏史与抒怀融为一体的即兴之作，写诗人在渡过汾水时的感触。诗的前两句化用汉武帝《秋风辞》句意，写得萧瑟凄凉。诗人更以『万里』二字来突出自己行程的遥远与艰辛。后两句写自己的心绪，前途漫漫，心绪不宁，而此时草木摇落，秋风萧瑟，就更加让人感觉到萧索神伤。

蜀道后期①

张说

客心争日月②，来往预③期程。

秋风不相待，先至洛阳城。

【注释】

①蜀道后期：指出使到蜀地，未能按预定的日子回家。后期即延期、误期之意。②日月：代指时间。③预：算定。

【赏析】

此诗写旅行在外而急切想回家的心情。诗人离家外出，在路上来往的时间抓得很紧，预先都算好一定的期限。但是，这次我没能按照预定的日期，在秋天来到之前赶回家，反而被秋风抢先到达故乡洛阳城了。诗人采取拟人化的手法，把秋风写活了。秋风原是无情无知的，诗人却写秋风与人竞争，抢在前头，以此烘托诗人归乡心切而又无可奈何的情思。

静夜思

李白

床前明月光，疑①是地上霜。

举头②望明月，低头思③故乡。

【注释】

①疑：猜疑，疑心。②举头：抬头。望明月：一作『望山月』。③思：怀念。

【赏析】

这首小诗表达了诗人在寂静的月夜中思念家乡的感受。诗的前两句写诗人在作客他乡的特定环境中一刹那间所产生的错觉。『疑』字生动地表达了诗人强烈的思归之情。后两句是动作神态的刻画，一『举』一『低』这两个相反的动作表明了诗人思念家人的真挚深情。这首绝句从『疑』到『望』到『思』，形象地揭示了诗人的内心活动，鲜明地勾勒出一幅月夜思乡图。诗歌的语言清新朴素，一气呵成。又由于它表现的是人类最普遍、最宝贵的情感，因此成为万古流传的绝唱。

秋浦①歌

李白

白发三千丈，缘愁似个②长。

不知明镜里，何处得秋霜。

【注释】

①秋浦：在今安徽省贵池县，县西南有秋浦湖。②个：这般。

【赏析】

三千丈的白发，是浪漫主义的夸张，是因为愁才使它这般形象。写白发漫长无际，正是写愁思浩渺无边。看着明镜里的白发，连作者也惊叹：何处得秋霜？这不是明知故问，而是为加强悲愁与白发相因相依的关系。《秋浦歌》共十七首，多抒写忧国忧民的悲愁。

题竹林寺①

朱放

岁月人间促②，烟霞③此地多。
殷勤竹林寺，更得几回过？

【注释】

①竹林寺：即鹤林寺，为古代庐山风景点之一。②促：短暂。③烟霞：烟雾云霞。庐山高接云天，山上经常为云雾所笼罩。

【赏析】

诗人因眼前的庐山美景而引发联想，感叹人生短促，转瞬即逝。尤其是末尾两句既表达了诗人对新竹寺风景的深深留恋，又流露出诗人对世事难料，不可捉摸的伤感情怀，诗情深长。

易水送别①

骆宾王

此地别燕丹②，壮士③发冲冠④。
昔时人已没⑤，今日水犹寒⑥。

【注释】

①诗题一作《于易水送人》。易水：水名，即今河北省易县的易河。战国时，燕国太子丹送别刺客荆轲于此水之

上。②燕丹：燕国太子丹。③壮士：指荆轲。④发冲冠：怒发冲冠。指愤怒得头发直竖，把帽子都顶了上去。⑤没：同『殁』，死亡。⑥寒：寒冷。

【赏析】

诗歌前两句写的是战国末年荆轲欲为燕太子丹复仇，太子丹在易水送别荆轲的悲壮场面及人物激昂慷慨的心情，表达了诗人对荆轲的深深崇敬之意。后两句是对仗的句式，也是全诗的中心。『已』、『犹』两个虚词，既使句子变得舒缓流利，读来给人一种回肠荡气之感，又强烈抒发了抑郁难申的悲痛。诗题虽为送人，却别具一格，意在抒怀咏志。

答人

太上隐者

偶来松树下，高枕石头眠。

山中无历日①，寒尽②不知年。

【注释】

①历日：指记载年、月、日和四季节令的历书。②寒尽：寒气将尽，指冬去春来，季节更替。

【赏析】

有人遇见了终南山的一位自称『太上隐者』的隐士，向他询问，他就写下了这首诗作为回答。他说：我偶尔来到这棵松树底下，以石头当枕头而自在安眠，山中没有历书，只见暑去寒来，连今朝是何年何月也不知道。你何必询问其他呢！这首诗反映的是道教返回自然的思想。全诗使用白描手法，好似顺口溜，平淡通俗而又耐人寻味。梅圣俞曾说：『作诗无古今，欲造平淡难。』。

五言千家诗 卷下

幸蜀回至剑门①

李隆基

剑阁横云②峻，銮舆③出狩回④。
翠屏⑤千仞合，丹嶂⑥五丁⑦开。
灌木⑧萦旗转，仙云拂马来。
乘时方⑨在德，嗟⑩尔勒铭⑪才。

【注释】

①诗题中『回』一作『西』，但从诗篇内容看，仍以作『回』为是。幸：指封建帝王到某地去。剑门：即剑门关，在四川省剑阁县城北30公里处。因位于大剑山、小剑山之间的山口，两山对峙如门。自古即有『剑门天下险』之说，俗称『天下第一关』。②横云：横架在彩云之间的山。③銮舆：皇帝坐的车子。銮，古时的一种铃铛。④出狩：皇帝离开京城到外地巡视称为巡狩，也称出狩。这里是对玄宗皇帝到四川避难的一种委婉的说法。⑤翠屏：形容剑门山草木丛生，像翠色的屏风。⑥嶂：像屏障一样的山峰。⑦五丁：指古代神话中的五个大力士。古诗云：『藏书吾欲借，来遣五丁扛。』。⑧木：原作『水』，此据别本改。萦：缠绕。⑨方：应当。⑩嗟：感叹词。⑪勒铭：古人在石碑上刻字用以记述功德。

【赏析】

这首诗是安史之乱后李隆基在返回长安时路过剑门关的所见所感。首联写自己在巍峨险陡的群山之中向长安行去。中间两联写剑门的险要难行：一联写静，鲜明地勾画了剑门绝壁千仞、非常险峻的景象；一联写动，写登山时盘旋而上时所见的动态景物，把剑阁的高峻与曲折写得十分逼真饱满。最后一联中，他发出了治国所凭依的在于德而不在于险的感叹。全诗写得形象融浑，表达了诗人内心复杂的情绪。

春夜别友人[1]

陈子昂

银烛[2]吐清烟，金尊[3]对绮筵[4]。
离堂[5]思琴瑟[6]，别路[7]绕山川。
明月隐高树，长河[8]没[9]晓天。
悠悠[10]洛阳道，此会在何年。

【注释】

①《春夜别友人》共有二首，这是第一首。②银烛：白蜡烛。③金樽：珍贵的酒杯。④绮筵：丰盛佳美的筵席。⑤离堂：饯别的筵席设在堂上，故称『离堂』。⑥琴瑟：既指宴会上奏乐，又指朋友间欢聚。⑦别路：分别后要走的路。⑧长河：银河。⑨没：淹没，消失。⑩悠悠：漫长旷远。

【赏析】

相见时难别亦难。这是陈子昂即将离开蜀地去洛阳时，友人设筵送别时所作。面对高堂明月，琴瑟之音，想去路迢遥，故不忍分手。悠悠岁月，相会何年？可见友人感情之深。

送友人

李白

青山横北郭[1]，白水绕东城。
此地一为别，孤蓬[2]万里征。
浮云游子[3]意，落日故人情。
挥手自兹[4]去，萧萧[5]班马[6]鸣。

【注释】

①郭：古代在城的外围加筑的外城。②蓬：即飞蓬。③游子：长期远离家乡、久居在外的人。④兹：原作『知』，

今据别本改。兹，指示代词，这：此。⑤萧萧：象声词，马的嘶叫声。⑥班马：离别的马。

【赏析】这是一首充满诗情画意的送别佳作。开头写得别开生面，以『青山』对『白水』，以『北郭』对『东城』。青白相间，色彩明丽，东北各向，方位迥异。『横』字写出山之静态，『绕』字画出水之流动。中间直写分手时的离情别绪，表达对朋友漂泊生涯的关切，以『浮云』、『落日』作比，写出依依惜别之情。尾联化用《诗经·小雅》中『萧萧马鸣』之句，烘托出一派缱绻不绝的深厚情谊。

送友人入蜀

李白

见说①蚕丛②路，崎岖不易行。
山从人面起，云傍马头生。
芳树笼秦栈③，春流绕蜀城④。
升沉⑤应已定，不必问君平⑥。

【注释】①见说：听说。②蚕丛：传说中古代蜀国的开国君王，这里用来指蜀地。③秦栈：自秦中（陕西）进入四川的栈道。④蜀城：指成都。⑤升沉：指仕途的升降得失。⑥君平：西汉人严遵，字君平，隐居不仕，在成都卜卦为生，日阅数人，得百钱足以过日，则关门下帘读《老子》。

【赏析】这是一首以描绘蜀道山川的奇美景观著称的抒情诗。全诗从送别和入蜀这两方面落笔描述。首联入题，写蜀道之难，感情诚挚而恳切。颔联就『崎岖不易行』的蜀道作进一步的具体描画。『起』、『生』两个动词生动地表现了栈道的狭窄、险峻、高危，想象诡异，境界奇美。颈联中的『笼』字是评论家所称道的『诗眼』，写得生动、传神，含意丰满，表现了多方面的内容。尾联借用君平的典故，婉转地启发他的朋友不要沉迷于功名利禄之中，可谓谆谆善

诱，凝聚着深挚的情谊，而其中又不乏对自身的身世感慨。尾联写得含蓄蕴藉，语短情长。

次北固山下①

王湾

客路②青山外，行舟绿水前。
潮平两岸阔，风正③一帆悬。
海日生残夜，江春入旧年。
乡书何由达，归雁洛阳边。

【注释】

①诗题一作《江南意》。北固山：在今江苏镇江市，下临长江。②客路：客行之路。③风正：顺风。

【赏析】

诗歌的首联写陆路和水路并进，『青山』、『绿水』展示了一幅生机盎然的春意图。接着具体写诗人乘舟行进时所见的江水景色，『潮平』、『风正』暗合了诗人恬淡宁静的心境。『海日生残夜，江春入旧年』是本诗的精彩之处，富有形象感和动态感，其中白天与黑夜的映衬，新春与旧年的对比，都让人有日月流转，生生不息之感。尾联由眼前之景而引起思乡之愁，衔接自然，不事雕琢。

送杜少府①之任②蜀川③

王勃

城阙辅三秦④，风烟望五津⑤。
与君离别意，同是宦游人⑥。
海内存知己，天涯若比邻⑦。
无为⑧在歧路⑨，儿女共沾巾。

【注释】

①杜少府：其名不详。少府即县尉。②任：赴任。③蜀州：泛指蜀地。④三秦：项羽灭秦后，将秦国故地分为雍、塞、翟三国，后世便以三秦代指今陕西之地。⑤五津：据《华阳国志》记载，长江在蜀地境内有五个渡口，即白华津、万里津、江首津、涉头津、江南津。⑥宦游人：在外做官的人。⑦比邻：近邻。⑧无为：不需要。无，同『毋』。⑨歧路：岔路，指分别之地。

【赏析】

这首诗是送别朋友的名作。首句写送别的地点与朋友要前往的地点。送别处是三秦大地卫护着的都城长安，朋友前往的地方是辽远的蜀地。气势雄壮，意境开阔，寄托了作者送别的无限深情。三、四句写此次客中送别，彼此都是因做官而远离家乡的人，所以更充满惆怅。五、六句，突然一转，写出友情的真谛，是安慰朋友，也是自勉，并具有生活哲理。这是古今传诵的佳句。最后两句写惜别而不作哀语。此诗在唐朝律诗的发展上具有先导作用。

玉台观①

杜甫

浩劫②因王造，平台③访古游。
彩云萧史④驻，文字鲁恭⑤留。
宫阙通群帝⑥，乾坤到十洲⑦。
人传有笙鹤⑧，时过北山⑨头。

【注释】

①玉台观：道观名，唐滕王李元婴所建，在阆中（今四川）北七里。②浩劫：道家谓宫观阶基为浩劫。此言玉台观为李渊子李元婴（滕王）所造。③平台：西汉梁孝王所建。此以玉台相比。④萧史：仙人，善吹箫，秦穆公以女弄玉嫁之。⑤鲁恭：鲁恭王刘余，汉景帝之子。曾毁坏孔子旧宅，得《古文尚书》。⑥群帝：诸天之帝。⑦十洲：海上十洲，即祖洲、瀛洲、玄洲、炎洲、长洲、元洲、凤麟洲、聚窟洲、流洲、生洲，皆仙人所居。⑧笙鹤：王子晋好吹笙，后骑

鹤仙去。⑨北山：缑山，王子晋仙去之地。

【赏析】

首联写玉台观高大雄壮，为滕王所造，好比梁孝王所建的平台。上面彩云缭绕，使人联想到是否萧史曾在此住过，道观中的文字记载是不是鲁恭王所留。通过一个神话传说、一个历史故事，将玉台观写得扑朔迷离。接下来讲宫阙上通天庭，壁画中聚集着十洲的神仙，愈发增加神秘色彩。结句用王子晋仙去的典故，把玉台观的神秘又增进一层。全诗熔神话、故事、典故于一炉，自然贴切，颇具浪漫色彩。

旅夜①书怀

杜甫

细草微风岸，危樯②独夜舟。
星垂平野阔，月涌③大江流。
名岂④文章著，官因老病休⑤。
飘飘⑥何所似，天地一沙鸥⑦。

【注释】

①旅夜：旅途的夜晚。②危樯：高耸的桅杆。③涌：奔涌。④岂：难道，哪能。⑤休：退休。⑥飘飘：随处漂泊，无依无靠。⑦沙鸥：鸥鸟喜集江上沙洲，故名。

【赏析】

这首诗前四句描写『旅夜』的情景，后四句是『抒怀』。首联写景，风吹细草，孤舟高桅，在夜色笼罩中显得清冷落寞。颔联写远景，雄浑阔大，历来为人所称道。『星垂』衬托出原野之广阔，『月涌』反映出江流的气势，在这种广袤无垠的自然景观中，愈发容易反衬出诗人孤苦伶仃的形象和寂寞无语的凄怆心情。颈联是正话反说，立意含蓄。名因文章显，告病辞官，皆是由于政治失意，因而导致了诗人长期漂泊在外，内心孤寂无依。以沙鸥自比，令人伤感，感人至深。全诗由景生情，由情生景，是古典诗歌中情景相生、互藏其宅的一个典范。

登岳阳楼①

杜甫

昔闻洞庭水，今上岳阳楼。
吴楚东南坼②，乾坤日夜浮。
亲朋无一字，老病有孤舟。
戎马③关山北，凭轩④涕泗流。

【注释】

①岳阳楼：在今湖南岳阳市，下临洞庭湖。②坼：裂开。③戎马：指战事。④凭轩：依窗。

【赏析】

这是一首即景抒怀的作品。诗人到了晚年漂泊无定，出蜀后流浪两湖，登临岳阳楼时，触景感怀，写下此诗。开头两句写自己早闻洞庭盛名，不过到暮年才一睹名湖。接着写洞庭湖上的壮伟气象，烟波浩渺，意境开阔。后四句中作者抒发孤凄心情，自伤飘零，忧心时局，感情极为哀痛。诗中写景虽只两句，但写景阔大，技巧精湛，历来为人称颂。全诗结构严谨，对仗精切，是杜甫五言律诗中的名作。

破山寺后禅院①

常建

清晨入古寺，初日照高林。
曲径②通幽处，禅房花木深。
山光悦鸟性，潭影③空人心。
万籁④此俱寂，惟闻钟磬⑤音。

【注释】

①诗题一作《题山寺后禅院》。破山寺：即兴福寺，在今江苏省常熟市虞山北麓。②曲径：弯弯曲曲的小路。③潭

影：水中山光天色的倒影。④万籁：自然界的各种声响。⑤钟磬：和尚念诵经文时使用的乐器。

【赏析】

这首诗题咏的是佛寺禅院，抒发的是寄情山水的隐逸胸怀。诗人在清晨登破山，在光照山林的景象中表露出对佛宇的礼赞之情。接着描写寺庙幽静美妙的环境。诗人抬头和低头看到的景象是如此令人惊叹陶醉，以至于他的精神感受极为纯净怡悦，仿佛只有钟磬之音，才能和这种境界保持和谐一致。诗人通过欣赏这禅院幽美绝世的居处，领略这空门忘情尘俗的意境，寄托自己遁世无闷的情怀。

圣果寺①

释处默

路自中峰上，盘回②出薜萝③。
到江④吴地尽，隔岸越山多。
古木丛青霭，遥天浸白波⑤。
下方城郭⑥近，钟磬杂笙歌。

【注释】

①圣果寺：寺名，在今浙江省杭州城南的凤凰山上。②盘回：盘旋曲折。③薜萝：植物名，即薜荔和女罗。④江：指钱塘江。⑤白波：白色的波浪。⑥城郭：杭州市的城墙和屋舍。

【赏析】

这首《圣果寺》，作者『醉翁之意不在酒』，主要是写圣果寺周围的景色。四周要写的东西很多，但诗人采取由远及近，由上山到下山『一路写来』，既写出了浙东山区的风貌，又寄托着作者深刻情感。首联写前往寺院途中的景物，渲染高山重迭、山路盘旋之态。第二、三联写登山后居高远眺：第二联勾勒出吴越两地山岭绵亘、隔江相对的远景；第三联写出古树茂密、江涛奔涌的身边近景。末联是俯瞰山下，寺院风光与人世社会的风光，交织在一起。这不仅点出了圣果寺的地理环境，也流露出作者的某种感触，是普度众生，还是别的什么呢？

野望

王绩

东皋[1]薄暮[2]望，徙倚[3]欲何依。
树树皆秋色[4]，山山惟落晖。
牧人驱犊[5]返，猎马带禽[6]归。
相顾[7]无相识，长歌怀采薇。

【注释】

①东皋：诗人隐居的东皋村，在其故乡龙门。②薄暮：黄昏。③徙倚：徘徊。④秋色：指树木凋零衰落的景象。⑤犊：小牛。⑥禽：指猎获的禽兽。⑦顾：回头看。

【赏析】

诗歌写的是山野秋景，在闲情逸致中又带几分彷徨和苦闷。首联点出时间和地点，『欲何依』表现了诗人百无聊赖的彷徨心情。中间四句写薄暮中所见景物。颔联用秋树、余晖渲染出萧瑟之感，于静态中写出十足动感。颈联牧人与猎马的特写，带着牧歌式的田园气氛，使整个画面活动了起来。这四句诗中光与色、远景与近景、静态与动态，相得益彰。然而诗人却不能在这种田园中找到慰藉，希望能够追怀古代的隐士，与他们为友。这首诗首尾两联抒情言事，中间两联写景，深化诗意。

宿云门寺阁[1]

孙逖

香阁东山[2]下，烟花[3]象外[4]幽。
悬灯千嶂[5]夕，卷幔[6]五湖[7]秋。
画壁[8]余鸿雁[9]，纱窗宿斗牛[10]。
更疑天路[11]近，梦与白云游[12]。

【注释】 ①云门寺：故址在今浙江省绍兴县南的云门山上。传说仙人王子晋曾居此，常有五色祥云笼罩，故建云门寺。②东山：即云门山。③烟花：指山上的美丽景致。④象外：物象之外，即尘世以外的景象。⑤千嶂：千山。山峰连绵不绝像许多屏障排列在一起。⑥幔：帐幔。⑦五湖：指太湖一带的五个湖泊。⑧画壁：指寺院墙壁上的图画。⑨余鸿雁：只剩下鸿雁，其他画面已剥落模糊了。⑩斗牛：星宿名。即二十八宿中的斗宿和牛宿。⑪天路：云路。⑫白云游：乘白云遨游。

【赏析】 诗人住宿在云门寺中，夜晚的风景象仙境一样幽雅。透过灯光，千峰壁立。山风袭来，竟使人感到秋意。望纱窗外，斗牛星就象近在身旁。所有这些，使诗人感到就象在天上乘白云遨游。诗紧紧围绕一个高字下笔，笔力贯通，一气呵成。

临洞庭①

孟浩然

八月秋水平，涵虚②混太清。
气蒸云梦泽③，波撼岳阳城④。
欲济无舟楫⑤，端居⑥耻圣明。
坐观垂钓者，徒有羡鱼情⑦。

【注释】 ①诗题又作《望洞庭湖赠张丞相》。张丞相指张九龄。②涵虚：形容湖面宽广到可以容得下一切。水色明亮。③云梦泽：古云泽、梦泽两湖的合称。在今湖北云梦县，今已成陆地。④岳阳：今湖南岳阳市。⑤舟楫：船及橹。⑥端居：闲住。⑦美鱼情：用《淮南子·说林训》中：『临渊羡鱼，不若归而结网』典故。表示自己徒有『羡鱼』之情，而无法钓到鱼，只能『坐观』。

【赏析】

孟浩然的一生，是在隐遁中度过的。但他并未心灰意冷，于清风竹林中也是『俱怀鸿鹄志』的。但四十岁的长安落第，内心充满了痛苦、失望和寞落感。因此，当他来到气象万千的洞庭湖边，大自然的宏伟壮观，烟波万顷，顿时使他诗兴潮涌。触景生情，自然又多想到自己的身世，于是才有『欲济无舟楫』的慨叹，才有『坐观垂钓者，徒有羡鱼情』的怨艾，表明了自己不甘隐居、要建功立业的意愿。这首诗可与杜甫的《登岳阳楼》比美，艺术上各有千秋。但诗人的干谒求仕和杜甫的忧国忧民，在思想内涵上要逊色得多。

过香积寺①

王维

不知香积寺，数里入云峰。
古木无人径②，深山何处钟。
泉声咽危石③，日色冷青松④。
薄暮⑤空潭曲⑥，安禅⑦制毒龙⑧。

【注释】

①香积寺：旧址在今陕西省长安县南。过：意谓访问、探望。②无人径：没有人走的道路。形容古木参天，人迹罕至。③咽危石：泉水流经岩石之间，发出呜咽之声。④冷青松：因山深林密，光线阴暗，连照到树枝上的日光也似乎带着寒意。⑤薄暮：傍晚。⑥曲：水岸弯曲处。⑦安禅：僧人闭目合掌、静坐入定时，排除一切杂念。⑧毒龙：指心中邪念或妄想。

【赏析】

诗人要寻访香积寺，却从『不知』说起，使得人入云峰数十里，衬托了香积寺之深藏幽邃。领联和颈联写诗人在深山密林中的所见所闻。三、四两句『无人径』和『何处钟』形成鲜明对比，又给寂静的山林蒙上了一层神秘莫测的情调，越发显得安谧。五、六两句仍然意在表现环境的幽冷。诗人以倒装句，突出了入耳的泉声和触目的日色。『咽』字

用得极为准确、生动，山中危石耸立，流泉不能轻快自然地流淌，只能在岩石间艰难穿行，发出幽咽之声。尾联由景入情，点明香积寺之所在，同时生发出超然脱俗、潜心理佛的愿望。全诗由远到近、由景入情，浑然天成，诗意尽显。

望秦川①

李颀

秦川朝望迥，日出正东峰。
远近山河净②，透迤③城阙重。
秋声万户竹，寒色五陵松。
客有归欤叹④，凄其⑤霜露浓。

【注释】

①秦川：古地名，泛指今陕西、甘肃秦岭以北的平原地带，号称『八百里秦川』。②净：清澈、明净。③透迤：形容道路、山河等弯弯曲曲、绵延不绝的样子。④欤：语气助词，表感叹，无实义。⑤凄其：形容凄凉的样子。

【赏析】

这首诗视野开阔，感情深沉，叙写诗人长安失意而归的感慨。首联，一『望』字尽显了诗人别离长安，回望长安的复杂心情，无法言说。颔联和颈联是诗人回望所见之景：山河明净，城阙重叠，竹林秋声，墓陵寒松，一切都笼罩在萧瑟秋意中，令人伤感、惆怅。此时，诗人的情绪跌至谷底，忧思难以自禁，典故的运用恰到好处地抒发了诗人的苦闷之情。